章・節	項目	学習日 月／日	問題番号＆チェック		メモ	検印
3章1節	1	／	56　57　58　59			
	2	／	60　61　62			
	3	／	63　64　65　66　67　68			
	4	／	69　70			
	5	／	71　72　73　74　75　76 77　78　79　80			
	ステップアップ	／	練習　8　9　10			
4章1節	1	／	81　82　83　84			
	2	／	85　86　87　88　89			
	3	／	90　91　92　93			
	4	／	94　95			
	5	／	96　97			
	ステップアップ	／	練習　11　12　13			
4章2節	1	／	98　99　100　101　102			
	2	／	103　104　105　106			
	3	／	107　108　109　110			
	ステップアップ	／	練習　14　15　16			

━━ 学習記録表の使い方 ━━

- ●「学習日」の欄には，学習した日付を記入しましょう。
- ●「問題番号＆チェック」の欄には，以下の基準を参考に，問題番号に○，△，×をつけましょう。
  - ○：正解した，理解できた
  - △：正解したが自信がない
  - ×：間違えた，よくわからなかった
- ●「メモ」の欄には，間違えたところや疑問に思ったことなどを書いておきましょう。復習のときは，ここに書いたことに気をつけながら学習しましょう。
- ●「検印」の欄は，先生の検印欄としてご利用いただけます。

この問題集で学習するみなさんへ

　本書は，教科書「新編数学C」に内容や配列を合わせてつくられた問題集です。教科書の完全な理解と，技能の定着をはかることをねらいとし，基本事項から段階的に学習を進められる展開にしました。また，類似問題の反復練習によって，着実に内容を理解できるようにしました。

　学習項目は，教科書の配列をもとに内容を細かく分けています。また，各項目の構成要素は以下の通りです。

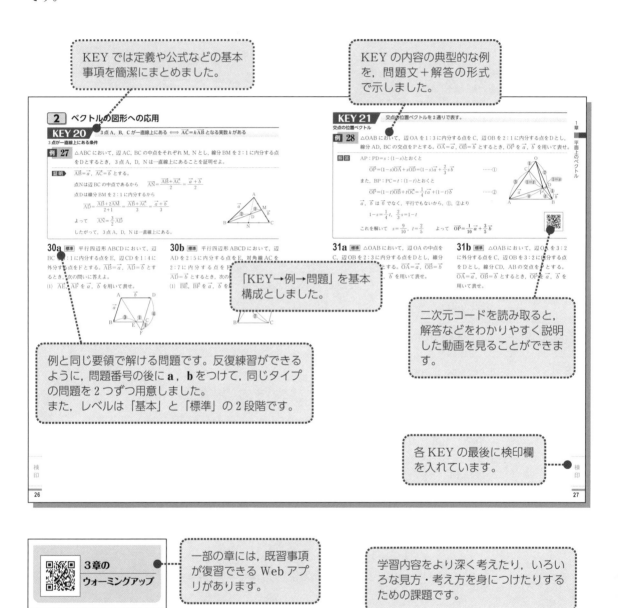

KEY では定義や公式などの基本事項を簡潔にまとめました。

KEY の内容の典型的な例を，問題文＋解答の形式で示しました。

「KEY→例→問題」を基本構成としました。

例と同じ要領で解ける問題です。反復練習ができるように，問題番号の後に **a**，**b** をつけて，同じタイプの問題を 2 つずつ用意しました。
また，レベルは「基本」と「標準」の 2 段階です。

二次元コードを読み取ると，解答などをわかりやすく説明した動画を見ることができます。

各 KEY の最後に検印欄を入れています。

3章の
ウォーミングアップ

一部の章には，既習事項が復習できる Web アプリがあります。

学習内容をより深く考えたり，いろいろな見方・考え方を身につけたりするための課題です。

考えてみよう 6　3 点 A$(\vec{a})$，B$(\vec{b})$，C$(\vec{c})$ を頂点とする △ABC の重心を G$(\vec{g})$ とするとき，$\overrightarrow{AG}+\overrightarrow{BG}+\overrightarrow{CG}=\vec{0}$ が成り立つことを証明してみよう。

節末には，ややレベルの高い内容を扱った「ステップアップ」があります。例題のガイドと解答をよく読んで理解しましょう。

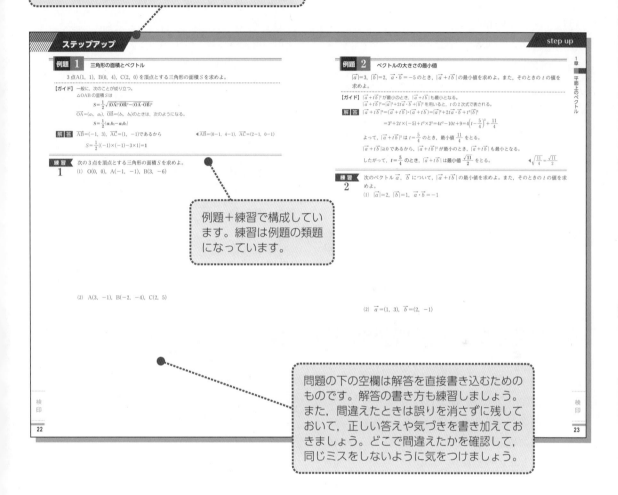

例題＋練習で構成しています。練習は例題の類題になっています。

問題の下の空欄は解答を直接書き込むためのものです。解答の書き方も練習しましょう。また，間違えたときは誤りを消さずに残しておいて，正しい答えや気づきを書き加えておきましょう。どこで間違えたかを確認して，同じミスをしないように気をつけましょう。

巻末には略解があるので，自分で答え合わせができます。詳しい解答は別冊で扱っています。

また，巻頭にある「学習記録表」に学習の結果を記録して，見直しのときに利用しましょう。間違えたところや苦手なところを重点的に学習すれば，効率よく弱点を補うことができます。

◆学習支援サイト「プラスウェブ」のご案内

本書に掲載した二次元コードのコンテンツをパソコンで見る場合は，以下のURLからアクセスできます。

https://dg-w.jp/b/6fc0001

注意 コンテンツの利用に際しては，一般に，通信料が発生します。

もくじ _____ contents

問題総数　368題

例 101題，基本問題 162題，標準問題 58題，
考えてみよう 15題，例題 16題，練習 16題

1 節 ベクトルとその演算

1 ベクトルの意味

KEY 1
ベクトルの相等

2つのベクトル $\vec{a}$, $\vec{b}$ の向きが同じで大きさが等しいとき, $\vec{a}$ と $\vec{b}$ は等しいといい, $\vec{a} = \vec{b}$ で表す。
$\vec{a} = \vec{b}$ のとき, $\vec{a}$ を表す有向線分 AB を平行移動して, $\vec{b}$ を表す有向線分 CD に重ねることができる。

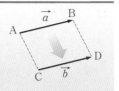

例 1 右の図の正六角形 ABCDEF において，中心を O とする。このとき，$\overrightarrow{OC}$ に等しいベクトルをすべて求めよ。

解答 $\overrightarrow{AB}$, $\overrightarrow{FO}$, $\overrightarrow{ED}$

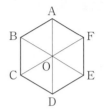

1a 基本 右の図の正六角形 ABCDEF において，中心を O とする。このとき，$\overrightarrow{AF}$ と等しいベクトルをすべて求めよ。

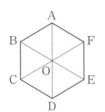

1b 基本 右の図の正六角形 ABCDEF において，中心を O とする。このとき，$\overrightarrow{AO}$ と等しいベクトルをすべて求めよ。

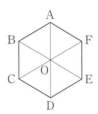

2a 基本 次の図において，等しいベクトルはどれとどれか。

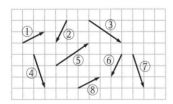

2b 基本 次の図において，等しいベクトルはどれとどれか。

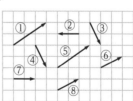

2 ベクトルの加法・減法

KEY 2
ベクトルの加法

$\vec{a}$ と $\vec{b}$ の和 $\vec{a}+\vec{b}$ は，$\vec{a}$ の終点に $\vec{b}$ の始点が重なるように $\vec{a}$ や $\vec{b}$ を平行移動させ，$\vec{a}$ の始点から $\vec{b}$ の終点へ結ぶ有向線分として求められる。
右の図において
$$\vec{a}+\vec{b}=\overrightarrow{AB}+\overrightarrow{BC}=\overrightarrow{AC}$$

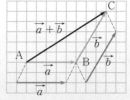

例 2 右の図において，$\vec{a}+\vec{b}$ を図示せよ。

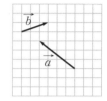

解答

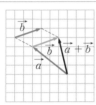

◀$\vec{a}$ の終点に $\vec{b}$ の始点が重なるように $\vec{b}$ を平行移動させ，$\vec{a}$ の始点から $\vec{b}$ の終点へ結ぶ。

3a 基本 次の図において，$\vec{a}+\vec{b}$ を図示せよ。

(1) 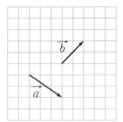　　(2) 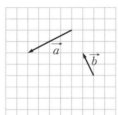　　(3)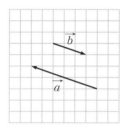

3b 基本 次の図において，$\vec{a}+\vec{b}$ を図示せよ。

(1) 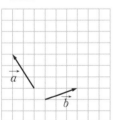　　(2) 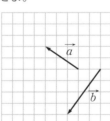　　(3)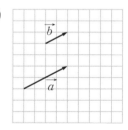

検印

KEY 3
逆ベクトルと零ベクトル

① $\vec{a}$ の逆ベクトル $-\vec{a}$ は，$\vec{a}$ に対して，大きさが等しく向きが反対である。
② 零ベクトル $\vec{0}$ は，始点と終点とが一致した，大きさ 0 のベクトルである。
$\vec{0}$ の向きは考えないものとする。

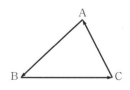

例 3 平面上に 3 点 A，B，C があるとき，次の等式が成り立つことを示せ。
$$\overrightarrow{AB}+\overrightarrow{CA}=-\overrightarrow{BC}$$

証明 $\overrightarrow{AB}+\overrightarrow{CA}=\overrightarrow{CA}+\overrightarrow{AB}=\overrightarrow{CB}=-\overrightarrow{BC}$

4a 基本 平面上に3点A，B，Cがあるとき，等式 $\overrightarrow{AC}+\overrightarrow{CB}=-\overrightarrow{BA}$ が成り立つことを示せ。

4b 基本 平行四辺形 ABCD において，等式 $\overrightarrow{AD}+\overrightarrow{CB}=\vec{0}$ が成り立つことを示せ。

KEY 4
ベクトルの減法

$\vec{a}$ と $\vec{b}$ の差 $\vec{a}-\vec{b}$ は，$\vec{a}$ の始点に $\vec{b}$ の始点が重なるように $\vec{a}$ や $\vec{b}$ を平行移動させ，$\vec{b}$ の終点から $\vec{a}$ の終点へ結ぶ有向線分として求められる。
右の図において
$$\vec{a}-\vec{b}=\overrightarrow{OA}-\overrightarrow{OB}=\overrightarrow{BA}$$

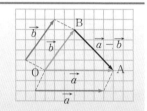

例 4 右の図において，$\vec{a}-\vec{b}$ を図示せよ。

解答

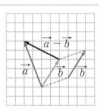

◀ $\vec{a}$ の始点に $\vec{b}$ の始点が重なるように $\vec{b}$ を平行移動させ，$\vec{b}$ の終点から $\vec{a}$ の終点へ結ぶ。

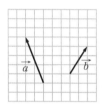

5a 基本 次の図において，$\vec{a}-\vec{b}$ を図示せよ。

(1)

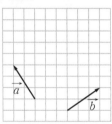

(2)

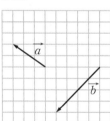

(3)

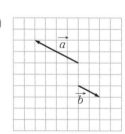

5b 基本 次の図において，$\vec{a}-\vec{b}$ を図示せよ。

(1)

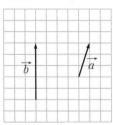

(2)

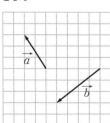

(3)

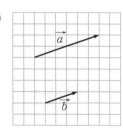

3 ベクトルの実数倍

KEY 5
ベクトルの実数倍

① $k>0$ のとき，$k\vec{a}$ は，$\vec{a}$ と同じ向きで，
　　大きさが $|\vec{a}|$ の k 倍

② $k<0$ のとき，$k\vec{a}$ は，$\vec{a}$ と反対の向きで，
　　大きさが $|\vec{a}|$ の $|k|$ 倍

③ $k=0$ のとき，$k\vec{a}=\vec{0}$　　すなわち　$0\vec{a}=\vec{0}$

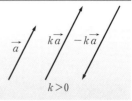

例 5 右の図において，$\vec{b}$，$\vec{c}$，$\vec{d}$ を $\vec{a}$ の実数倍 $k\vec{a}$ の形で表せ。

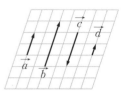

解答 $\vec{b}=2\vec{a}$，$\vec{c}=-\dfrac{3}{2}\vec{a}$，$\vec{d}=\dfrac{1}{2}\vec{a}$

6a 基本 例 5 の図において，$\vec{a}$，$\vec{c}$，$\vec{d}$ を $\vec{b}$ の実数倍 $k\vec{b}$ の形で表せ。

6b 基本 例 5 の図において，$\vec{a}$，$\vec{b}$，$\vec{d}$ を $\vec{c}$ の実数倍 $k\vec{c}$ の形で表せ。

7a 基本 次の図において，$2\vec{a}$，$\dfrac{1}{3}\vec{a}$，$-3\vec{a}$ を図示せよ。

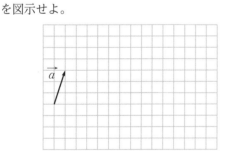

7b 基本 次の図において，$3\vec{a}$，$\dfrac{1}{2}\vec{a}$，$-2\vec{a}$ を図示せよ。

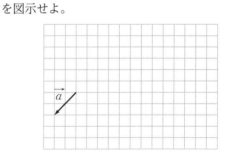

考えてみよう 1 右の図のように，2つのベクトル $\vec{a}$，$\vec{b}$ が与えられたとき，次のベクトルを図示してみよう。

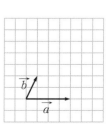

(1) $\dfrac{1}{2}\vec{a}+3\vec{b}$

(2) $\dfrac{1}{2}\vec{a}-3\vec{b}$

KEY 6

ベクトルの実数倍の性質

k, ℓ を実数とするとき
① $k(\ell\vec{a})=(k\ell)\vec{a}$　② $(k+\ell)\vec{a}=k\vec{a}+\ell\vec{a}$　③ $k(\vec{a}+\vec{b})=k\vec{a}+k\vec{b}$

例 6 次の計算をせよ。

(1) $3\vec{a}+5\vec{a}-2\vec{a}$

(2) $2(3\vec{a}-2\vec{b})-3(\vec{a}-3\vec{b})$

解答 (1) $3\vec{a}+5\vec{a}-2\vec{a}=(3+5-2)\vec{a}=\mathbf{6\vec{a}}$

(2) $2(3\vec{a}-2\vec{b})-3(\vec{a}-3\vec{b})=6\vec{a}-4\vec{b}-3\vec{a}+9\vec{b}=\mathbf{3\vec{a}+5\vec{b}}$

8a 基本 次の計算をせよ。

(1) $4\vec{a}-\vec{a}+2\vec{a}$

(2) $(2\vec{a}-\vec{b})+(4\vec{a}+3\vec{b})$

(3) $4(\vec{a}-3\vec{b})+3(\vec{b}-2\vec{a})$

(4) $\dfrac{1}{2}(2\vec{a}-\vec{b})+\dfrac{1}{3}(\vec{a}-2\vec{b})$

8b 基本 次の計算をせよ。

(1) $\vec{a}+7\vec{a}-2\vec{a}$

(2) $(2\vec{a}+\vec{b})-(4\vec{a}-3\vec{b})$

(3) $3(\vec{a}-\vec{b})-2(3\vec{a}-2\vec{b})$

(4) $\dfrac{2}{3}(\vec{a}+2\vec{b})-\dfrac{1}{2}(\vec{a}-3\vec{b})$

考えてみよう 2 等式 $4\vec{a}+\vec{x}=2\vec{b}-\vec{x}$ を満たすベクトル $\vec{x}$ を，$\vec{a}$，$\vec{b}$ を用いて表してみよう。

検印

KEY 7
ベクトルの分解

$\vec{a} \neq \vec{0}$, $\vec{b} \neq \vec{0}$, $\vec{a}$ と $\vec{b}$ は平行でないとき
$$m\vec{a}+n\vec{b}=m'\vec{a}+n'\vec{b} \iff m=m',\ n=n'$$

例 7 右の図の正六角形 ABCDEF において，$\overrightarrow{OA}=\vec{a}$，$\overrightarrow{OB}=\vec{b}$ とするとき，次のベクトルを $\vec{a}$，$\vec{b}$ を用いて表せ。

(1) $\overrightarrow{AE}$　　　　　　(2) $\overrightarrow{BF}$

解答 (1) $\overrightarrow{AE}=\overrightarrow{AF}+\overrightarrow{FE}=-\overrightarrow{OB}-\overrightarrow{OA}=-\vec{b}-\vec{a}$　◀$\overrightarrow{AF}$ は $\overrightarrow{OB}$ の逆ベクトルである。
$\overrightarrow{FE}$ は $\overrightarrow{OA}$ の逆ベクトルである。

(2) $\overrightarrow{BF}=\overrightarrow{BE}+\overrightarrow{EF}=-2\overrightarrow{OB}+\overrightarrow{OA}=-2\vec{b}+\vec{a}$　◀$\overrightarrow{BE}=2\overrightarrow{BO}=2(-\overrightarrow{OB})=-2\overrightarrow{OB}$，$\overrightarrow{EF}=\overrightarrow{OA}$

9a 基本 例 7 において，ベクトル $\overrightarrow{FC}$ を $\vec{a}$，$\vec{b}$ を用いて表せ。

9b 基本 例 7 において，ベクトル $\overrightarrow{DF}$ を $\vec{a}$，$\vec{b}$ を用いて表せ。

例 8 $\vec{0}$ でなく，平行でもない 2 つのベクトル $\vec{a}$，$\vec{b}$ について，
$$(x+1)\vec{a}+\vec{b}=2\vec{a}-(y+1)\vec{b}$$
を満たす実数 x，y の値を求めよ。

解答 $\vec{a}$ と $\vec{b}$ は $\vec{0}$ でなく，平行でもないから　$x+1=2$，　$1=-(y+1)$
これを解いて　$x=1$，$y=-2$

10a 基本 $\vec{0}$ でなく，平行でもない 2 つのベクトル $\vec{a}$，$\vec{b}$ について，次の等式を満たす実数 x，y の値を求めよ。

(1) $2x\vec{a}+3\vec{b}=6\vec{a}-y\vec{b}$

(2) $(x+2)\vec{a}-4\vec{b}=3\vec{a}+(y-2)\vec{b}$

10b 基本 $\vec{0}$ でなく，平行でもない 2 つのベクトル $\vec{a}$，$\vec{b}$ について，次の等式を満たす実数 x，y の値を求めよ。

(1) $4\vec{a}-2y\vec{b}=x\vec{a}-5\vec{b}$

(2) $(1+x)\vec{a}+(1-y)\vec{b}=2\vec{a}+3\vec{b}$

検印

4 ベクトルの成分

$\vec{a}=(a_1,\ a_2),\ \vec{b}=(b_1,\ b_2)$ のとき $\vec{a}=\vec{b} \iff a_1=b_1,\ a_2=b_2$

ベクトルの相等

例 9 $\vec{a}=(2x+1,\ -3)$ と $\vec{b}=(3,\ y-1)$ が等しいとき，x，y の値を求めよ。

解答 $\vec{a}=\vec{b}$ のとき $2x+1=3,\ -3=y-1$ これを解いて $x=1,\ y=-2$

11a 基本 $\vec{a}=(-x,\ 3)$ と $\vec{b}=(7,\ 1-2y)$ が等しいとき，x，y の値を求めよ。

11b 基本 $\vec{a}=(x+y,\ x-y)$ と $\vec{b}=(4,\ -2)$ が等しいとき，x，y の値を求めよ。

$\vec{a}=(a_1,\ a_2)$ のとき $|\vec{a}|=\sqrt{a_1{}^2+a_2{}^2}$

ベクトルの大きさ

例 10 右の図の $\vec{a}$ を成分表示し，その大きさを求めよ。

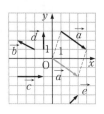

解答 $\vec{a}$ の始点を原点Oに移すと，終点は点 $(3,\ -2)$ に移されるから
$$\vec{a}=(3,\ -2)$$
また，$\vec{a}$ の大きさは $|\vec{a}|=\sqrt{3^2+(-2)^2}=\sqrt{13}$

12a 基本 例10の図の $\vec{b}$，$\vec{c}$ を成分表示し，それぞれの大きさを求めよ。

12b 基本 例10の図の $\vec{d}$，$\vec{e}$ を成分表示し，それぞれの大きさを求めよ。

1 $(a_1,\ a_2)+(b_1,\ b_2)=(a_1+b_1,\ a_2+b_2)$

2 $(a_1,\ a_2)-(b_1,\ b_2)=(a_1-b_1,\ a_2-b_2)$

3 $k(a_1,\ a_2)=(ka_1,\ ka_2)$　　ただし，k は実数

例 11 $\vec{a}=(1,\ -2),\ \vec{b}=(-3,\ 5)$のとき，$2(3\vec{a}-\vec{b})$を成分表示せよ。

解答　$2(3\vec{a}-\vec{b})=6\vec{a}-2\vec{b}=6(1,\ -2)-2(-3,\ 5)=(6,\ -12)-(-6,\ 10)=\mathbf{(12,\ -22)}$

13a 基本 $\vec{a}=(2,\ 1),\ \vec{b}=(-3,\ 1)$のとき，次のベクトルを成分表示せよ。

(1)　$-3\vec{b}$

(2)　$3\vec{a}+2\vec{b}$

(3)　$2\vec{a}-\vec{b}$

(4)　$3(\vec{a}-2\vec{b})$

13b 基本 $\vec{a}=(3,\ -2),\ \vec{b}=(-5,\ 1)$のとき，次のベクトルを成分表示せよ。

(1)　$\dfrac{1}{2}\vec{a}$

(2)　$4\vec{a}-3\vec{b}$

(3)　$-\vec{a}-2\vec{b}$

(4)　$2(-3\vec{a}+\vec{b})$

考えてみよう 3 $\vec{a}=(4,\ -1),\ \vec{b}=(-2,\ 5),\ \vec{c}=(2,\ 0)$のとき，$3(\vec{a}-\vec{b})+2(2\vec{b}-3\vec{c})$ を成分表示してみよう。

例 12 $\vec{a}=(-3,\ 2)$, $\vec{b}=(2,\ -1)$ のとき, $\vec{p}=(-6,\ 5)$ を $m\vec{a}+n\vec{b}$ の形で表せ。

解答 $\vec{p}=m\vec{a}+n\vec{b}$ とおくと $(-6,\ 5)=m(-3,\ 2)+n(2,\ -1)=(-3m+2n,\ 2m-n)$

よって $\begin{cases} -3m+2n=-6 \\ 2m-n=5 \end{cases}$ これを解いて $m=4$, $n=3$

したがって $\vec{p}=4\vec{a}+3\vec{b}$

14a 標準 $\vec{a}=(2,\ 1)$, $\vec{b}=(-1,\ 3)$ のとき, 次のベクトル $\vec{p}$ を $m\vec{a}+n\vec{b}$ の形で表せ。

(1) $\vec{p}=(4,\ 9)$

(2) $\vec{p}=(7,\ -7)$

14b 標準 $\vec{a}=(2,\ 3)$, $\vec{b}=(5,\ -1)$ のとき, 次のベクトル $\vec{p}$ を $m\vec{a}+n\vec{b}$ の形で表せ。

(1) $\vec{p}=(-4,\ 11)$

(2) $\vec{p}=(-1,\ -10)$

KEY 11
$\overrightarrow{AB}$ の成分と大きさ

2点 A(a_1, a_2), B(b_1, b_2)について
$$\overrightarrow{AB}=(b_1-a_1,\ b_2-a_2),\quad |\overrightarrow{AB}|=\sqrt{(b_1-a_1)^2+(b_2-a_2)^2}$$

例 13 2点 A(5, 4), B(2, 3)について, $\overrightarrow{AB}$ を成分表示し, $|\overrightarrow{AB}|$ を求めよ。

解答 $\overrightarrow{AB}=(2-5,\ 3-4)=(-3,\ -1)$, $|\overrightarrow{AB}|=\sqrt{(-3)^2+(-1)^2}=\sqrt{10}$

15a 基本 次の2点A, Bについて, $\overrightarrow{AB}$ を成分表示し, $|\overrightarrow{AB}|$ を求めよ。

(1) A(1, 3), B(2, 5)

(2) A(3, −1), B(2, 3)

15b 基本 次の2点A, Bについて, $\overrightarrow{AB}$ を成分表示し, $|\overrightarrow{AB}|$ を求めよ。

(1) A(−2, 15), B(3, 3)

(2) A(−3, 2), B(−2, −1)

例 14 4点 A(−1, 5), B(−6, −2), C(−2, −4), D(x, y)を頂点とする四角形 ABCD が平行四辺形となるとき, x, y の値を求めよ。

解答 $\overrightarrow{AD}=\overrightarrow{BC}$ であるから　　　　　　　　　　◀1組の対辺が平行で, その長さが等しい。

$\qquad (x-(-1),\ y-5)=(-2-(-6),\ -4-(-2))$

よって　　$x+1=4,\ y-5=-2$

したがって　　$x=3,\ y=3$

16a 標準 4点 A(−5, 2), B(2, −6), C(4, 1), D(x, y)を頂点とする四角形 ABCD が平行四辺形となるとき, x, y の値を求めよ。

16b 標準 4点 A(−1, −3), B(2, −5), C(4, −1), D(x, y)を頂点とする四角形 ABCD が平行四辺形となるとき, x, y の値を求めよ。

5 ベクトルの平行

$\vec{a}=(a_1,\ a_2),\ \vec{b}=(b_1,\ b_2)$ が $\vec{0}$ でないとき
$\vec{a}\ /\!/\ \vec{b} \iff (b_1,\ b_2)=k(a_1,\ a_2)$ となる実数 k がある

例 15 2つのベクトル $\vec{a}=(3,\ 1)$, $\vec{b}=(x,\ -2)$ が平行となるように，x の値を定めよ。

解答 $\vec{b}=k\vec{a}$ となる実数 k があるから $(x,\ -2)=k(3,\ 1)$

すなわち $\begin{cases} x=3k & \cdots\cdots① \\ -2=k & \cdots\cdots② \end{cases}$

②から $k=-2$ これを①に代入して $x=-6$

17a 標準 次の2つのベクトル $\vec{a}$, $\vec{b}$ が平行となるように，x の値を定めよ。

(1) $\vec{a}=(1,\ -2)$, $\vec{b}=(2,\ x)$

(2) $\vec{a}=(x+1,\ 1)$, $\vec{b}=(8,\ x-1)$

17b 標準 次の2つのベクトル $\vec{a}$, $\vec{b}$ が平行となるように，x の値を定めよ。

(1) $\vec{a}=(3,\ 4)$, $\vec{b}=(x,\ -2)$

(2) $\vec{a}=(-1,\ x)$, $\vec{b}=(2x+5,\ 2)$

例 16 $\vec{a}=(1,\ -2)$に平行で，大きさが5のベクトルを求めよ。

解答 求めるベクトルを$\vec{p}$とすると，$\vec{a}/\!/\vec{p}$であるから，実数kを用いて

$$\vec{p}=k\vec{a}=k(1,\ -2)=(k,\ -2k) \qquad \cdots\cdots①$$

と表される。

$|\vec{p}|=5$であるから $\sqrt{k^2+(-2k)^2}=5$

両辺を2乗して $5k^2=25$ よって $k=\pm\sqrt{5}$ ◀ $k^2=5$

①から，求めるベクトルは $(\sqrt{5},\ -2\sqrt{5}),\ (-\sqrt{5},\ 2\sqrt{5})$

18a 標準 $\vec{a}=(1,\ \sqrt{3})$に平行で，大きさが6のベクトルを求めよ。

18b 標準 $\vec{a}=(-5,\ 12)$に平行な単位ベクトルを求めよ。

考えてみよう 4 次の□にあてはまるベクトルを求めてみよう。

例16において，$\vec{a}$と同じ向きの単位ベクトルは ☐ であり，$\vec{a}$と向きが反対の単位ベクトルは ☐ である。

6 ベクトルの内積

KEY 13
ベクトルの内積

$\vec{0}$ でない 2 つのベクトル $\vec{a}$, $\vec{b}$ のなす角を θ とすると
$$\vec{a}\cdot\vec{b}=|\vec{a}||\vec{b}|\cos\theta$$

例 17 $|\vec{a}|=3$, $|\vec{b}|=4$, $\vec{a}$ と $\vec{b}$ のなす角が $120°$ のとき, 内積 $\vec{a}\cdot\vec{b}$ を求めよ。

解答
$$\vec{a}\cdot\vec{b}=|\vec{a}||\vec{b}|\cos 120°$$
$$=3\times 4\times\left(-\frac{1}{2}\right)$$
$$=-6$$

◀内積はベクトルでなく実数である。

19a 基本 次の図において, 内積 $\vec{a}\cdot\vec{b}$ を求めよ。

(1)
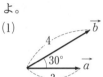

(2)
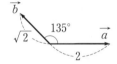

(3)
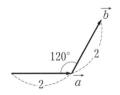

19b 基本 次の図において, 内積 $\vec{a}\cdot\vec{b}$ を求めよ。

(1)
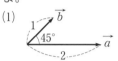

(2)

(3)
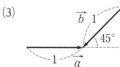

$\vec{a}=(a_1,\ a_2),\ \vec{b}=(b_1,\ b_2)$のとき
$\vec{a}\cdot\vec{b}=a_1b_1+a_2b_2$

例 18 $\vec{a}=(1,\ 2),\ \vec{b}=(-1,\ 3)$のとき，内積 $\vec{a}\cdot\vec{b}$ を求めよ。

解答　　$\vec{a}\cdot\vec{b}=1\times(-1)+2\times3=5$

20a 基本 次の2つのベクトル $\vec{a},\vec{b}$ について，内積 $\vec{a}\cdot\vec{b}$ を求めよ。

(1) $\vec{a}=(3,\ 2),\ \vec{b}=(1,\ -2)$

(2) $\vec{a}=(2,\ -1),\ \vec{b}=(1,\ 3)$

(3) $\vec{a}=(2,\ 3),\ \vec{b}=(-6,\ 4)$

(4) $\vec{a}=(-\sqrt{3},\ 1),\ \vec{b}=(\sqrt{3},\ 1)$

(5) $\vec{a}=(1,\ -1),\ \vec{b}=(0,\ 2)$

20b 基本 次の2つのベクトル $\vec{a},\vec{b}$ について，内積 $\vec{a}\cdot\vec{b}$ を求めよ。

(1) $\vec{a}=(3,\ 4),\ \vec{b}=(-1,\ 2)$

(2) $\vec{a}=(4,\ 5),\ \vec{b}=(2,\ -3)$

(3) $\vec{a}=(-2,\ 3),\ \vec{b}=(4,\ 1)$

(4) $\vec{a}=(1,\ -1),\ \vec{b}=(\sqrt{2}+1,\ \sqrt{2}-1)$

(5) $\vec{a}=(2,\ 1),\ \vec{b}=(3,\ -6)$

7 ベクトルのなす角

KEY 15
ベクトルのなす角

$\vec{0}$ でない 2 つのベクトル $\vec{a}=(a_1,\ a_2)$, $\vec{b}=(b_1,\ b_2)$ のなす角 θ を求めるには,

$$\cos\theta=\frac{\vec{a}\cdot\vec{b}}{|\vec{a}||\vec{b}|}=\frac{a_1b_1+a_2b_2}{\sqrt{a_1{}^2+a_2{}^2}\sqrt{b_1{}^2+b_2{}^2}}$$ を計算し,$0°\leqq\theta\leqq180°$ の範囲で θ を求める。

例 19
2 つのベクトル $\vec{a}=(2,\ 1)$, $\vec{b}=(-3,\ 1)$ のなす角 θ を求めよ。

解答　$\vec{a}\cdot\vec{b}=2\times(-3)+1\times1=-5$, $|\vec{a}|=\sqrt{2^2+1^2}=\sqrt{5}$, $|\vec{b}|=\sqrt{(-3)^2+1^2}=\sqrt{10}$

よって　$\cos\theta=\dfrac{-5}{\sqrt{5}\times\sqrt{10}}=-\dfrac{1}{\sqrt{2}}$

$0°\leqq\theta\leqq180°$ であるから　$\theta=135°$

21a 標準　次の 2 つのベクトル $\vec{a}$, $\vec{b}$ のなす角 θ を求めよ。

(1) $|\vec{a}|=1$, $|\vec{b}|=2$, $\vec{a}\cdot\vec{b}=1$

(2) $\vec{a}=(2,\ 4)$, $\vec{b}=(-1,\ 3)$

(3) $\vec{a}=(3,\ \sqrt{3})$, $\vec{b}=(-\sqrt{3},\ 1)$

21b 標準　次の 2 つのベクトル $\vec{a}$, $\vec{b}$ のなす角 θ を求めよ。

(1) $|\vec{a}|=2$, $|\vec{b}|=\sqrt{2}$, $\vec{a}\cdot\vec{b}=\sqrt{6}$

(2) $\vec{a}=(-1,\ 2)$, $\vec{b}=(3,\ -1)$

(3) $\vec{a}=(\sqrt{3},\ -1)$, $\vec{b}=(2\sqrt{3},\ 2)$

KEY 16
ベクトルの垂直

$\vec{a} \neq \vec{0}$, $\vec{b} \neq \vec{0}$ で, $\vec{a}=(a_1, a_2)$, $\vec{b}=(b_1, b_2)$ のとき
$$\vec{a} \perp \vec{b} \iff \vec{a} \cdot \vec{b}=0 \iff a_1 b_1 + a_2 b_2 = 0$$

例 20 $\vec{a}=(-2, 3)$, $\vec{b}=(x, 4)$ が垂直であるとき, x の値を求めよ。

解答 $\vec{a} \cdot \vec{b}=0$ より $\quad -2 \times x + 3 \times 4 = 0 \quad\quad -2x+12=0$
よって $\quad x=6$

22a 基本 次の2つのベクトル $\vec{a}$, $\vec{b}$ が垂直であるとき, x の値を求めよ。

(1) $\vec{a}=(1, -1)$, $\vec{b}=(2, x)$

(2) $\vec{a}=(1, 2)$, $\vec{b}=(x+1, -x)$

(3) $\vec{a}=(x, 6)$, $\vec{b}=(x+7, 1)$

22b 基本 次の2つのベクトル $\vec{a}$, $\vec{b}$ が垂直であるとき, x の値を求めよ。

(1) $\vec{a}=(2, x-1)$, $\vec{b}=(3, 2)$

(2) $\vec{a}=(3, 1+2x)$, $\vec{b}=(1-2x, 1)$

(3) $\vec{a}=(x, -2)$, $\vec{b}=(x, x+4)$

例 **21** $\vec{a}=(1,\ -2)$ に垂直で，大きさが $\sqrt{5}$ のベクトルを求めよ。

解答 求めるベクトルを $\vec{p}=(x,\ y)$ とする。

$\vec{a}\perp\vec{p}$ であるから $\qquad \vec{a}\cdot\vec{p}=0$

すなわち $\qquad\qquad\qquad x-2y=0$ ……①

$|\vec{p}|=\sqrt{5}$ であるから $\quad x^2+y^2=5$ ……② ◀ $|\vec{p}|^2=(\sqrt{5})^2$

①，②より x を消去すると $\quad (2y)^2+y^2=5$ ◀ ①より　$x=2y$

すなわち $\quad 5y^2=5 \qquad\qquad$ よって $\qquad y=\pm1$

①から，$y=1$ のとき $x=2 \qquad y=-1$ のとき $x=-2$

したがって，求めるベクトルは $\quad (2,\ 1),\ (-2,\ -1)$

23a 標準 $\vec{a}=(1,\ \sqrt{3})$ に垂直で，大きさが 2 のベクトルを求めよ。

23b 標準 $\vec{a}=(-3,\ 4)$ に垂直な単位ベクトルを求めよ。

8 内積の性質

KEY 17
内積の性質

① $\vec{a} \cdot \vec{a} = |\vec{a}|^2$　　　　② $\vec{a} \cdot \vec{b} = \vec{b} \cdot \vec{a}$

③ $\vec{a} \cdot (\vec{b} + \vec{c}) = \vec{a} \cdot \vec{b} + \vec{a} \cdot \vec{c}$　　④ $(\vec{a} + \vec{b}) \cdot \vec{c} = \vec{a} \cdot \vec{c} + \vec{b} \cdot \vec{c}$

⑤ $(k\vec{a}) \cdot \vec{b} = \vec{a} \cdot (k\vec{b}) = k(\vec{a} \cdot \vec{b})$　　ただし，k は実数

例 22 等式 $|\vec{a} + 2\vec{b}|^2 = |\vec{a}|^2 + 4\vec{a} \cdot \vec{b} + 4|\vec{b}|^2$ を証明せよ。

証明　$|\vec{a} + 2\vec{b}|^2 = (\vec{a} + 2\vec{b}) \cdot (\vec{a} + 2\vec{b}) = \vec{a} \cdot (\vec{a} + 2\vec{b}) + 2\vec{b} \cdot (\vec{a} + 2\vec{b})$

$= \vec{a} \cdot \vec{a} + 2\vec{a} \cdot \vec{b} + 2\vec{b} \cdot \vec{a} + 4\vec{b} \cdot \vec{b}$　　◀ $\vec{a} \cdot \vec{b} = \vec{b} \cdot \vec{a}$

$= |\vec{a}|^2 + 4\vec{a} \cdot \vec{b} + 4|\vec{b}|^2$

24a 標準 次の等式を証明せよ。

$(\vec{a} - \vec{b}) \cdot (\vec{a} + 2\vec{b}) = |\vec{a}|^2 + \vec{a} \cdot \vec{b} - 2|\vec{b}|^2$

24b 標準 次の等式を証明せよ。

$|2\vec{a} - \vec{b}|^2 = 4|\vec{a}|^2 - 4\vec{a} \cdot \vec{b} + |\vec{b}|^2$

例 23 $|\vec{a}| = 3$，$|\vec{b}| = 2$，$\vec{a} \cdot \vec{b} = -3$ のとき，$|\vec{a} + \vec{b}|$ の値を求めよ。

解答　$|\vec{a} + \vec{b}|^2 = (\vec{a} + \vec{b}) \cdot (\vec{a} + \vec{b}) = |\vec{a}|^2 + 2\vec{a} \cdot \vec{b} + |\vec{b}|^2 = 3^2 + 2 \times (-3) + 2^2 = 7$

$|\vec{a} + \vec{b}| \geqq 0$ であるから　$|\vec{a} + \vec{b}| = \sqrt{7}$

25a 標準 $|\vec{a}| = 3$，$|\vec{b}| = 5$，$\vec{a} \cdot \vec{b} = -\dfrac{15}{2}$ のとき，$|\vec{a} - \vec{b}|$ の値を求めよ。

25b 標準 $|\vec{a}| = 2$，$|\vec{b}| = \sqrt{5}$，$\vec{a} \cdot \vec{b} = -1$ のとき，$|2\vec{a} - \vec{b}|$ の値を求めよ。

考えてみよう 5 $|\vec{a}|=4$, $|\vec{b}|=3$ で，$\vec{a}$, $\vec{b}$ のなす角が $60°$ のとき，$|\vec{a}-2\vec{b}|$ の値を求めてみよう。

例 24 $|\vec{a}|=2$, $|\vec{b}|=1$, $|2\vec{a}+\vec{b}|=\sqrt{13}$ のとき，$\vec{a}$, $\vec{b}$ のなす角 θ を求めよ。

解答 $|2\vec{a}+\vec{b}|^2=(2\vec{a}+\vec{b})\cdot(2\vec{a}+\vec{b})=4|\vec{a}|^2+4\vec{a}\cdot\vec{b}+|\vec{b}|^2$ であるから

$$(\sqrt{13})^2=4\times2^2+4\vec{a}\cdot\vec{b}+1^2$$

よって　　$\vec{a}\cdot\vec{b}=-1$

したがって　　$\cos\theta=\dfrac{\vec{a}\cdot\vec{b}}{|\vec{a}||\vec{b}|}=\dfrac{-1}{2\times1}=-\dfrac{1}{2}$

$0°\leqq\theta\leqq180°$ であるから　　$\theta=120°$

26a 標準 $|\vec{a}|=3$, $|\vec{b}|=2$, $|\vec{a}-2\vec{b}|=\sqrt{37}$ のとき，$\vec{a}$, $\vec{b}$ のなす角 θ を求めよ。

26b 標準 $|\vec{a}|=1$, $|\vec{b}|=2$, $|3\vec{a}-2\vec{b}|=\sqrt{13}$ のとき，$\vec{a}$, $\vec{b}$ のなす角 θ を求めよ。

検印

例題 1 三角形の面積とベクトル

3点A(1, 1), B(0, 4), C(2, 0) を頂点とする三角形の面積Sを求めよ。

【ガイド】 一般に，次のことが成り立つ。

△OABの面積Sは

$$S = \frac{1}{2}\sqrt{|\overrightarrow{OA}|^2|\overrightarrow{OB}|^2 - (\overrightarrow{OA} \cdot \overrightarrow{OB})^2}$$

$\overrightarrow{OA} = (a_1, a_2)$, $\overrightarrow{OB} = (b_1, b_2)$のときは，次のようになる。

$$S = \frac{1}{2}|a_1 b_2 - a_2 b_1|$$

解答 $\overrightarrow{AB} = (-1, 3)$, $\overrightarrow{AC} = (1, -1)$であるから ◀ $\overrightarrow{AB} = (0-1, 4-1)$, $\overrightarrow{AC} = (2-1, 0-1)$

$$S = \frac{1}{2}|(-1) \times (-1) - 3 \times 1| = \mathbf{1}$$

練習 1 次の3点を頂点とする三角形の面積Sを求めよ。

(1) O(0, 0), A(-1, -1), B(3, -6)

(2) A(3, -1), B(-2, -4), C(2, 5)

例題 2 ベクトルの大きさの最小値

$|\vec{a}|=3$, $|\vec{b}|=2$, $\vec{a}\cdot\vec{b}=-5$ のとき, $|\vec{a}+t\vec{b}|$ の最小値を求めよ。また, そのときの t の値を求めよ。

【ガイド】 $|\vec{a}+t\vec{b}|^2$ が最小のとき, $|\vec{a}+t\vec{b}|$ も最小となる。

$|\vec{a}+t\vec{b}|^2=|\vec{a}|^2+2t\vec{a}\cdot\vec{b}+|\vec{b}|^2$ を用いると, t の 2 次式で表される。

解答 $|\vec{a}+t\vec{b}|^2=(\vec{a}+t\vec{b})\cdot(\vec{a}+t\vec{b})=|\vec{a}|^2+2t\vec{a}\cdot\vec{b}+t^2|\vec{b}|^2$

$$=3^2+2t\times(-5)+t^2\times2^2=4t^2-10t+9=4\left(t-\frac{5}{4}\right)^2+\frac{11}{4}$$

よって, $|\vec{a}+t\vec{b}|^2$ は $t=\dfrac{5}{4}$ のとき, 最小値 $\dfrac{11}{4}$ をとる。

$|\vec{a}+t\vec{b}|\geqq0$ であるから, $|\vec{a}+t\vec{b}|^2$ が最小のとき, $|\vec{a}+t\vec{b}|$ も最小となる。

したがって, $t=\dfrac{5}{4}$ のとき, $|\vec{a}+t\vec{b}|$ は最小値 $\dfrac{\sqrt{11}}{2}$ をとる。 ◀ $\sqrt{\dfrac{11}{4}}=\dfrac{\sqrt{11}}{2}$

練習 2 次のベクトル $\vec{a}$, $\vec{b}$ について, $|\vec{a}+t\vec{b}|$ の最小値を求めよ。また, そのときの t の値を求めよ。

(1) $|\vec{a}|=2$, $|\vec{b}|=1$, $\vec{a}\cdot\vec{b}=-1$

(2) $\vec{a}=(1,\ 3)$, $\vec{b}=(2,\ -1)$

検印

1 位置ベクトル

KEY 18

内分点・外分点の
位置ベクトル

2点 $A(\vec{a})$, $B(\vec{b})$ を結ぶ線分 AB を $m:n$ に内分する点を $P(\vec{p})$, 外分する点を $Q(\vec{q})$ とすると $\qquad \vec{p}=\dfrac{n\vec{a}+m\vec{b}}{m+n}$, $\vec{q}=\dfrac{-n\vec{a}+m\vec{b}}{m-n}$

例 25 2点 $A(\vec{a})$, $B(\vec{b})$ を結ぶ線分 AB を $3:2$ に内分する点 $P(\vec{p})$, 外分する点 $Q(\vec{q})$ の位置ベクトルを求めよ。

解答 $\vec{p}=\dfrac{2\vec{a}+3\vec{b}}{3+2}=\dfrac{2\vec{a}+3\vec{b}}{5}$

$\vec{q}=\dfrac{-2\vec{a}+3\vec{b}}{3-2}=-2\vec{a}+3\vec{b}$

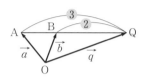

27a 基本 2点 $A(\vec{a})$, $B(\vec{b})$ について, 次の点の位置ベクトルを求めよ。

(1) 線分 AB を $3:4$ に内分する点 $C(\vec{c})$

(2) 線分 AB の中点 $D(\vec{d})$

27b 基本 2点 $A(\vec{a})$, $B(\vec{b})$ について, 次の点の位置ベクトルを求めよ。

(1) 線分 AB を $3:1$ に内分する点 $C(\vec{c})$

(2) 線分 AB を $s:(1-s)$ に内分する点 $D(\vec{d})$ ただし, $0<s<1$

28a 基本 2点 $A(\vec{a})$, $B(\vec{b})$ について, 次の点の位置ベクトルを求めよ。

(1) 線分 AB を $3:1$ に外分する点 $C(\vec{c})$

(2) 線分 AB を $3:7$ に外分する点 $D(\vec{d})$

28b 基本 2点 $A(\vec{a})$, $B(\vec{b})$ について, 次の点の位置ベクトルを求めよ。

(1) 線分 AB を $7:4$ に外分する点 $C(\vec{c})$

(2) 線分 AB を $4:5$ に外分する点 $D(\vec{d})$

検印

KEY 19

三角形の重心の
位置ベクトル

3点 A($\vec{a}$)，B($\vec{b}$)，C($\vec{c}$)を頂点とする △ABC の重心を G($\vec{g}$)とすると

$$\vec{g} = \frac{\vec{a}+\vec{b}+\vec{c}}{3}$$

例 26 3点 A($\vec{a}$)，B($\vec{b}$)，C($\vec{c}$)を頂点とする △ABC において，辺 AB，BC，CA を 2：3 に内分する点をそれぞれ P，Q，R とするとき，△PQR の重心 G の位置ベクトル $\vec{g}$ を $\vec{a}$，$\vec{b}$，$\vec{c}$ を用いて表せ。

解答 P($\vec{p}$)，Q($\vec{q}$)，R($\vec{r}$)とすると

$$\vec{p} = \frac{3\vec{a}+2\vec{b}}{2+3} = \frac{3\vec{a}+2\vec{b}}{5}, \quad \vec{q} = \frac{3\vec{b}+2\vec{c}}{2+3} = \frac{3\vec{b}+2\vec{c}}{5}, \quad \vec{r} = \frac{3\vec{c}+2\vec{a}}{2+3} = \frac{3\vec{c}+2\vec{a}}{5}$$

よって $\vec{g} = \dfrac{\vec{p}+\vec{q}+\vec{r}}{3} = \dfrac{1}{3}\left(\dfrac{3\vec{a}+2\vec{b}}{5} + \dfrac{3\vec{b}+2\vec{c}}{5} + \dfrac{3\vec{c}+2\vec{a}}{5}\right) = \dfrac{\vec{a}+\vec{b}+\vec{c}}{3}$

29a 基本 3点 A($\vec{a}$)，B($\vec{b}$)，C($\vec{c}$)を頂点とする △ABC において，辺 AB，BC，CA を 2：1 に内分する点をそれぞれ P，Q，R とするとき，△PQR の重心 G の位置ベクトル $\vec{g}$ を $\vec{a}$，$\vec{b}$，$\vec{c}$ を用いて表せ。

29b 基本 3点 A($\vec{a}$)，B($\vec{b}$)，C($\vec{c}$)を頂点とする △ABC において，辺 AB，BC，CA を 3：2 に外分する点をそれぞれ P，Q，R とするとき，△PQR の重心 G の位置ベクトル $\vec{g}$ を $\vec{a}$，$\vec{b}$，$\vec{c}$ を用いて表せ。

考えてみよう 6 3点 A($\vec{a}$)，B($\vec{b}$)，C($\vec{c}$)を頂点とする △ABC の重心を G($\vec{g}$)とするとき，$\overrightarrow{AG}+\overrightarrow{BG}+\overrightarrow{CG}=\vec{0}$ が成り立つことを証明してみよう。

検
印

2 ベクトルの図形への応用

KEY 20

3点 A，B，C が一直線上にある ⟺ $\overrightarrow{AC}=k\overrightarrow{AB}$ となる実数 k がある

3点が一直線上にある条件

例 27 △ABC において，辺 AC，BC の中点をそれぞれ M，N とし，線分 BM を 2：1 に内分する点を D とするとき，3点 A，D，N は一直線上にあることを証明せよ。

証明 $\overrightarrow{AB}=\vec{a}$，$\overrightarrow{AC}=\vec{b}$ とする。

点 N は辺 BC の中点であるから $\overrightarrow{AN}=\dfrac{\overrightarrow{AB}+\overrightarrow{AC}}{2}=\dfrac{\vec{a}+\vec{b}}{2}$

点 D は線分 BM を 2：1 に内分するから

$$\overrightarrow{AD}=\frac{\overrightarrow{AB}+2\overrightarrow{AM}}{2+1}=\frac{\overrightarrow{AB}+\overrightarrow{AC}}{3}=\frac{\vec{a}+\vec{b}}{3}$$

よって $\overrightarrow{AN}=\dfrac{3}{2}\overrightarrow{AD}$

したがって，3点 A，D，N は一直線上にある。

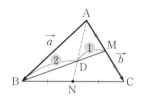

30a 標準 平行四辺形 ABCD において，辺 BC を 3：1 に内分する点を E，辺 CD を 1：4 に外分する点を F とする。$\overrightarrow{AB}=\vec{a}$，$\overrightarrow{AD}=\vec{b}$ とするとき，次の問いに答えよ。

(1) $\overrightarrow{AE}$，$\overrightarrow{AF}$ を $\vec{a}$，$\vec{b}$ を用いて表せ。

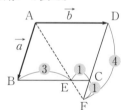

(2) 3点 A，E，F は一直線上にあることを証明せよ。

30b 標準 平行四辺形 ABCD において，辺 AD を 2：5 に内分する点を E，対角線 AC を 2：7 に内分する点を F とする。$\overrightarrow{AB}=\vec{a}$，$\overrightarrow{AD}=\vec{b}$ とするとき，次の問いに答えよ。

(1) $\overrightarrow{BE}$，$\overrightarrow{BF}$ を $\vec{a}$，$\vec{b}$ を用いて表せ。

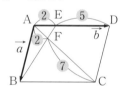

(2) 3点 B，E，F は一直線上にあることを証明せよ。

検印

KEY 21　交点の位置ベクトルを2通りで表す。

交点の位置ベクトル

例 28 △OAB において，辺 OA を 1:3 に内分する点を C，辺 OB を 2:1 に内分する点を D とし，線分 AD, BC の交点を P とする。$\overrightarrow{OA}=\overrightarrow{a}$, $\overrightarrow{OB}=\overrightarrow{b}$ とするとき，$\overrightarrow{OP}$ を $\overrightarrow{a}$, $\overrightarrow{b}$ を用いて表せ。

解答　AP:PD=s:(1-s) とおくと

$$\overrightarrow{OP}=(1-s)\overrightarrow{OA}+s\overrightarrow{OD}=(1-s)\overrightarrow{a}+\frac{2}{3}s\overrightarrow{b} \qquad \cdots\cdots①$$

また，BP:PC=t:(1-t) とおくと

$$\overrightarrow{OP}=(1-t)\overrightarrow{OB}+t\overrightarrow{OC}=\frac{1}{4}t\overrightarrow{a}+(1-t)\overrightarrow{b} \qquad \cdots\cdots②$$

$\overrightarrow{a}$, $\overrightarrow{b}$ は $\overrightarrow{0}$ でなく，平行でもないから，①，② より

$$1-s=\frac{1}{4}t, \quad \frac{2}{3}s=1-t$$

これを解いて　$s=\dfrac{9}{10}$, $t=\dfrac{2}{5}$　　　よって　$\overrightarrow{OP}=\dfrac{1}{10}\overrightarrow{a}+\dfrac{3}{5}\overrightarrow{b}$

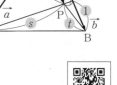

31a 標準 △OAB において，辺 OA の中点を C，辺 OB を 2:3 に内分する点を D とし，線分 AD, BC の交点を P とする。$\overrightarrow{OA}=\overrightarrow{a}$, $\overrightarrow{OB}=\overrightarrow{b}$ とするとき，$\overrightarrow{OP}$ を $\overrightarrow{a}$, $\overrightarrow{b}$ を用いて表せ。

31b 標準 △OAB において，辺 OA を 3:2 に外分する点を C，辺 OB を 3:2 に内分する点を D とし，線分 CD, AB の交点を P とする。$\overrightarrow{OA}=\overrightarrow{a}$, $\overrightarrow{OB}=\overrightarrow{b}$ とするとき，$\overrightarrow{OP}$ を $\overrightarrow{a}$, $\overrightarrow{b}$ を用いて表せ。

KEY 22

$AB \perp CD$ を示すには，$\overrightarrow{AB} \neq \vec{0}$，$\overrightarrow{CD} \neq \vec{0}$ のとき，$\overrightarrow{AB} \cdot \overrightarrow{CD} = 0$ となることを示せばよい。

内積の利用

例 29 長方形 OABC において，OA＝2，OC＝3 とする。辺 OA の中点をM，辺 AB を 2：7 に内分する点をLとするとき，$OL \perp CM$ であることを証明せよ。

証明 $\overrightarrow{OA} = \vec{a}$，$\overrightarrow{OC} = \vec{c}$ とすると

$\overrightarrow{OL} = \overrightarrow{OA} + \overrightarrow{AL} = \vec{a} + \dfrac{2}{9}\vec{c}$ ◀ $\overrightarrow{AB} = \overrightarrow{OC} = \vec{c}$

$\overrightarrow{CM} = \overrightarrow{OM} - \overrightarrow{OC} = \dfrac{1}{2}\vec{a} - \vec{c}$

$|\vec{a}| = 2$，$|\vec{c}| = 3$，$\vec{a} \cdot \vec{c} = 0$ であるから
◀四角形 OABC は長方形であるから $OA \perp OC$

$\overrightarrow{OL} \cdot \overrightarrow{CM} = \left(\vec{a} + \dfrac{2}{9}\vec{c}\right) \cdot \left(\dfrac{1}{2}\vec{a} - \vec{c}\right) = \dfrac{1}{2}|\vec{a}|^2 - \dfrac{8}{9}\vec{a} \cdot \vec{c} - \dfrac{2}{9}|\vec{c}|^2$

$\qquad = \dfrac{1}{2} \times 2^2 - \dfrac{8}{9} \times 0 - \dfrac{2}{9} \times 3^2 = 2 - 2 = 0$

$\overrightarrow{OL} \neq \vec{0}$，$\overrightarrow{CM} \neq \vec{0}$ であるから，$\overrightarrow{OL} \perp \overrightarrow{CM}$ である。

したがって，$OL \perp CM$ である。

32a 標準 正方形 ABCD において，$\overrightarrow{AB} = \vec{b}$，$\overrightarrow{AD} = \vec{d}$ とするとき，次の問いに答えよ。

(1) $\overrightarrow{AC}$，$\overrightarrow{BD}$ を $\vec{b}$，$\vec{d}$ を用いて表せ。

32b 標準 $\angle A = 90°$，$AB = AC$ である直角二等辺三角形 ABC において，辺 BC を 3：2 に内分する点をP，辺 AC を 2：1 に内分する点をQ とするとき，$AP \perp BQ$ であることをベクトルを用いて証明せよ。

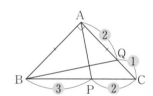

(2) $AC \perp BD$ であることを証明せよ。

3 ベクトル方程式

ベクトルに平行な直線

点 $A(\vec{a})$ を通り，$\vec{0}$ でないベクトル $\vec{u}$ に平行な直線を ℓ とする。
直線 ℓ 上の任意の点を $P(\vec{p})$ とすると，実数 t を用いて，$\vec{p}=\vec{a}+t\vec{u}$ と表される。

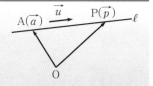

例 30 右の図において，直線 ℓ が $\vec{p}=\vec{a}+t\vec{u}$ で表されるとき，$t=2$ に対応する点 $P(\vec{p})$ の位置を図示せよ。

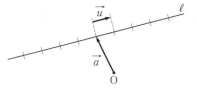

解答 $t=2$ のとき　$\vec{p}=\vec{a}+2\vec{u}$
したがって，右の図のようになる。

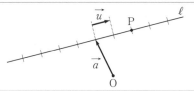

33a 基本 例30において，次の t の値に対応する点 $P(\vec{p})$ の位置を図示せよ。

(1) $t=3$

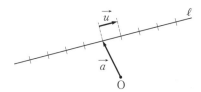

33b 基本 例30において，次の t の値に対応する点 $P(\vec{p})$ の位置を図示せよ。

(1) $t=0$

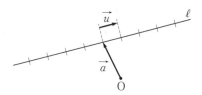

(2) $t=-2$

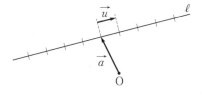

(2) $t=-3$

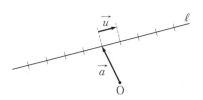

検印

KEY 24

媒介変数表示

点 A($\vec{a}$) を通り，$\vec{0}$ でないベクトル $\vec{u}$ に平行な直線のベクトル方程式は
$$\vec{p} = \vec{a} + t\vec{u}$$
A(x_0, y_0), P(x, y), $\vec{u} = (m, n)$ とすると，直線の媒介変数表示は
$$\begin{cases} x = x_0 + mt \\ y = y_0 + nt \end{cases}$$

例 31 点 A(1, -2) を通り，$\vec{u} = (1, 3)$ に平行な直線を，媒介変数 t を用いて媒介変数表示せよ。また，t を消去して直線の方程式を求めよ。

解答 直線上の任意の点を (x, y) とすると，媒介変数表示は
$$\begin{cases} x = 1 + t & \cdots\cdots① \\ y = -2 + 3t & \cdots\cdots② \end{cases}$$

また，①から　$t = x - 1$

これを②に代入して，t を消去すると　$y = -2 + 3(x - 1)$

すなわち，直線の方程式は　$y = 3x - 5$

34a 基本 次の点 A を通り，ベクトル $\vec{u}$ に平行な直線を，媒介変数 t を用いて媒介変数表示せよ。また，t を消去して直線の方程式を求めよ。

(1) A(1, -3), $\vec{u} = (2, 3)$

(2) A(2, -1), $\vec{u} = (-2, 1)$

34b 基本 次の点 A を通り，ベクトル $\vec{u}$ に平行な直線を，媒介変数 t を用いて媒介変数表示せよ。また，t を消去して直線の方程式を求めよ。

(1) A(2, 3), $\vec{u} = (4, -1)$

(2) A(-2, 3), $\vec{u} = (5, -1)$

KEY 25
異なる2点を通る直線

異なる2点 $A(\vec{a})$, $B(\vec{b})$ を通る直線のベクトル方程式は
$$\vec{p}=(1-t)\vec{a}+t\vec{b}$$

例 32 △OAB の辺 OA の中点をMとし, $A(\vec{a})$, $B(\vec{b})$ とするとき, 直線 BM のベクトル方程式を求めよ。

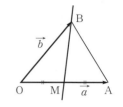

解答 直線 BM は2点 $M\left(\dfrac{1}{2}\vec{a}\right)$, $B(\vec{b})$ を通るから, そのベクトル方程式は
$$\vec{p}=(1-t)\overrightarrow{OM}+t\overrightarrow{OB}=\frac{1}{2}(1-t)\vec{a}+t\vec{b}$$

35a 基本 △OAB の辺 OA, OB の中点をそれぞれ M, N とし, $A(\vec{a})$, $B(\vec{b})$ とするとき, 直線 MN のベクトル方程式を求めよ。

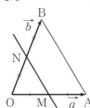

35b 基本 △OAB の辺 OA を 2:1 に内分する点をC, 辺 OB を 1:2 に内分する点をDとし, $A(\vec{a})$, $B(\vec{b})$ とするとき, 直線 CD のベクトル方程式を求めよ。

KEY 26
ベクトルに垂直な直線

点 $A(\vec{a})$ を通り, $\vec{0}$ でないベクトル $\vec{n}$ に垂直な直線のベクトル方程式は
$$\vec{n}\cdot(\vec{p}-\vec{a})=0$$
$\vec{a}=(x_0,\ y_0)$, $\vec{p}=(x,\ y)$, $\vec{n}=(a,\ b)$ とすると
$$a(x-x_0)+b(y-y_0)=0$$

例 33 点 $A(1,\ -1)$ を通り, $\vec{n}=(3,\ 2)$ に垂直な直線の方程式を求めよ。

解答 直線上の点を $P(x,\ y)$ とすると $\overrightarrow{AP}=(x-1,\ y+1)$
法線ベクトルが $\vec{n}=(3,\ 2)$ であるから, $\vec{n}\cdot\overrightarrow{AP}=0$ より $3(x-1)+2(y+1)=0$
すなわち $3x+2y-1=0$

36a 基本 点 $A(3,\ -2)$ を通り, $\vec{n}=(-4,\ 1)$ に垂直な直線の方程式を求めよ。

36b 基本 点 $A(-1,\ -3)$ を通り, $\vec{n}=(3,\ 4)$ に垂直な直線の方程式を求めよ。

検印

検印

例 34 平面上に定点 $A(\vec{a})$ と動点 $P(\vec{p})$ があるとき，ベクトル方程式 $|3\vec{p}+\vec{a}|=6$ で表される円の中心の位置ベクトルと半径を求めよ。

解答 $|3\vec{p}+\vec{a}|=6$ より $\quad 3\left|\vec{p}+\dfrac{1}{3}\vec{a}\right|=6$

両辺を 3 で割ると $\quad \left|\vec{p}+\dfrac{1}{3}\vec{a}\right|=2 \qquad$ よって $\qquad \left|\vec{p}-\left(-\dfrac{1}{3}\vec{a}\right)\right|=2$

したがって，中心の位置ベクトルは $-\dfrac{1}{3}\vec{a}$，半径は 2

37a 基本 平面上に定点 $A(\vec{a})$ と動点 $P(\vec{p})$ があるとき，次のベクトル方程式で表される円の中心の位置ベクトルと半径を求めよ。

(1) $|\vec{p}-2\vec{a}|=1$

(2) $|\vec{p}+3\vec{a}|=3$

(3) $|4\vec{p}-\vec{a}|=4$

37b 基本 平面上に定点 $A(\vec{a})$ と動点 $P(\vec{p})$ があるとき，次のベクトル方程式で表される円の中心の位置ベクトルと半径を求めよ。

(1) $\left|\vec{p}-\dfrac{1}{2}\vec{a}\right|=5$

(2) $|2\vec{p}+\vec{a}|=4$

(3) $\left|\dfrac{1}{3}\vec{p}-\vec{a}\right|=1$

考えてみよう 7 2 点 $A(\vec{a})$，$B(\vec{b})$ を直径の両端とする円のベクトル方程式は，円周上の任意の点を $P(\vec{p})$ とすると，次のように表されることを証明してみよう。

$$(\vec{p}-\vec{a})\cdot(\vec{p}-\vec{b})=0$$

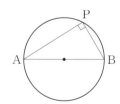

例題 3 　ベクトルの等式と三角形の面積の比

△ABC に対して，点 P が等式 $2\overrightarrow{PA}+3\overrightarrow{PB}+4\overrightarrow{PC}=\vec{0}$ を満たすとき，次の問いに答えよ。

(1) $\overrightarrow{AP}$ を，$\overrightarrow{AB}$ と $\overrightarrow{AC}$ を用いて表せ。　(2) 面積の比 △PBC：△PCA：△PAB を求めよ。

【ガイド】(1)　与えられた等式において，始点を点 A にそろえる。

(2)　(1)で求めた式から，点 P が △ABC に対してどのような位置にあるか考える。

三角形の面積の比は，底辺が共通ならば高さの比になり，高さが共通ならば底辺の比になる。

解答 (1)　等式を変形して　$-2\overrightarrow{AP}+3(\overrightarrow{AB}-\overrightarrow{AP})+4(\overrightarrow{AC}-\overrightarrow{AP})=\vec{0}$　◀点 A を始点とするベクトルで表す。

整理すると　$9\overrightarrow{AP}=3\overrightarrow{AB}+4\overrightarrow{AC}$　よって　$\overrightarrow{AP}=\dfrac{3\overrightarrow{AB}+4\overrightarrow{AC}}{9}$

(2)　$\overrightarrow{AP}=\dfrac{3\overrightarrow{AB}+4\overrightarrow{AC}}{9}=\dfrac{7}{9}\cdot\dfrac{3\overrightarrow{AB}+4\overrightarrow{AC}}{4+3}$　◀$\overrightarrow{AP}=k\cdot\dfrac{n\overrightarrow{AB}+m\overrightarrow{AC}}{m+n}$ の形に変形する。

と変形できるから，辺 BC を 4：3 に内分する点を Q とすると

$\overrightarrow{AP}=\dfrac{7}{9}\overrightarrow{AQ}$　◀$\overrightarrow{AQ}=\dfrac{3\overrightarrow{AB}+4\overrightarrow{AC}}{7}$

よって　AP：PQ＝7：2

△ABC の面積を S とすると

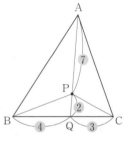

$\triangle PBC=\dfrac{2}{9}\triangle ABC=\dfrac{2}{9}S,\ \ \triangle PCA=\dfrac{7}{9}\triangle QCA=\dfrac{7}{9}\cdot\dfrac{3}{7}S=\dfrac{1}{3}S,$

$\triangle PAB=\dfrac{7}{9}\triangle QBA=\dfrac{7}{9}\cdot\dfrac{4}{7}S=\dfrac{4}{9}S$

したがって　$\triangle PBC：\triangle PCA：\triangle PAB=\dfrac{2}{9}S：\dfrac{1}{3}S：\dfrac{4}{9}S=2：3：4$

練習 3　△ABC に対して，点 P が等式 $3\overrightarrow{PA}+4\overrightarrow{PB}+5\overrightarrow{PC}=\vec{0}$ を満たすとき，次の問いに答えよ。

(1)　$\overrightarrow{AP}$ を，$\overrightarrow{AB}$ と $\overrightarrow{AC}$ を用いて表せ。

(2)　面積の比 △PBC：△PCA：△PAB を求めよ。

例題 4 平面上の点の存在範囲(1)

△OAB において，$\overrightarrow{OP}=s\overrightarrow{OA}+t\overrightarrow{OB}$ とする。実数 s, t が $s+t=2$, $s\geqq0$, $t\geqq0$ を満たしながら動くとき，点Pの存在範囲を求めよ。

【ガイド】 一般に，次のことが成り立つ。

点Pが線分 AB 上にある $\iff$ $\overrightarrow{OP}=s\overrightarrow{OA}+t\overrightarrow{OB}$　　$s+t=1$, $s\geqq0$, $t\geqq0$

本問の場合，$\dfrac{s}{2}+\dfrac{t}{2}=1$ であるから，$\overrightarrow{OP}=\dfrac{s}{2}(2\overrightarrow{OA})+\dfrac{t}{2}(2\overrightarrow{OB})$ と変形する。

解答 $s+t=2$ から　　$\dfrac{s}{2}+\dfrac{t}{2}=1$

$\dfrac{s}{2}=s'$, $\dfrac{t}{2}=t'$ とおくと

$$\overrightarrow{OP}=s\overrightarrow{OA}+t\overrightarrow{OB}=\dfrac{s}{2}(2\overrightarrow{OA})+\dfrac{t}{2}(2\overrightarrow{OB})$$
$$=s'(2\overrightarrow{OA})+t'(2\overrightarrow{OB})$$

ここで，$2\overrightarrow{OA}=\overrightarrow{OA'}$, $2\overrightarrow{OB}=\overrightarrow{OB'}$ を満たす点 A', B' をとると

$\overrightarrow{OP}=s'\overrightarrow{OA'}+t'\overrightarrow{OB'}$, $s'+t'=1$, $s'\geqq0$, $t'\geqq0$

したがって，点Pの存在範囲は，線分 A'B' である。

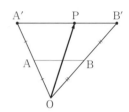

練習 4 △OAB において，$\overrightarrow{OP}=s\overrightarrow{OA}+t\overrightarrow{OB}$ とする。実数 s, t が $s+t=\dfrac{1}{3}$, $s\geqq0$, $t\geqq0$ を満たしながら動くとき，点Pの存在範囲を求めよ。

例題 5 平面上の点の存在範囲(2)

△OAB において，$\overrightarrow{\mathrm{OP}}=s\overrightarrow{\mathrm{OA}}+t\overrightarrow{\mathrm{OB}}$ とする。実数 s, t が $s+t\leqq 3$, $s\geqq 0$, $t\geqq 0$ を満たしながら動くとき，点Pの存在範囲を求めよ。

【ガイド】 △OAB において，$\overrightarrow{\mathrm{OP}}=s\overrightarrow{\mathrm{OA}}+t\overrightarrow{\mathrm{OB}}$，$s+t=k$，$s\geqq 0$，$t\geqq 0$ とする。

$0<k\leqq 1$ のとき，$\overrightarrow{\mathrm{OA'}}=k\overrightarrow{\mathrm{OA}}$，$\overrightarrow{\mathrm{OB'}}=k\overrightarrow{\mathrm{OB}}$

を満たすように，辺 OA，OB 上にそれぞれ点 A′，B′ をとると，点Pは右の図のような辺 AB に平行な線分 A′B′ 上にある。

このことから，次のことが成り立つ。

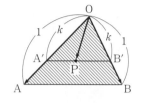

点Pが △OAB の周上および内部にある
$\iff \overrightarrow{\mathrm{OP}}=s\overrightarrow{\mathrm{OA}}+t\overrightarrow{\mathrm{OB}}$ $\quad s+t\leqq 1$，$s\geqq 0$，$t\geqq 0$

解答 $s+t\leqq 3$ より $\quad \dfrac{s}{3}+\dfrac{t}{3}\leqq 1$ $\qquad\blacktriangleleft s+t\leqq 3$ の両辺を 3 で割る。

$$\overrightarrow{\mathrm{OP}}=s\overrightarrow{\mathrm{OA}}+t\overrightarrow{\mathrm{OB}}=\frac{s}{3}(3\overrightarrow{\mathrm{OA}})+\frac{t}{3}(3\overrightarrow{\mathrm{OB}})$$

ここで，$\dfrac{s}{3}=s'$，$\dfrac{t}{3}=t'$ とおくと

$\overrightarrow{\mathrm{OP}}=s'(3\overrightarrow{\mathrm{OA}})+t'(3\overrightarrow{\mathrm{OB}})$ $\qquad s'+t'\leqq 1$，$s'\geqq 0$，$t'\geqq 0$

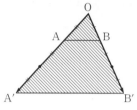

$\blacktriangleleft \overrightarrow{\mathrm{OP}}=s'\overrightarrow{\mathrm{OA'}}+t'\overrightarrow{\mathrm{OB'}}$，
$s'+t'\leqq 1$，$s'\geqq 0$，$t'\geqq 0$

したがって，$3\overrightarrow{\mathrm{OA}}=\overrightarrow{\mathrm{OA'}}$，$3\overrightarrow{\mathrm{OB}}=\overrightarrow{\mathrm{OB'}}$ となるような 2 点 A′，B′ をとると，点Pの存在範囲は △OA′B′ の周上および内部である。

練習 5 △OAB において，$\overrightarrow{\mathrm{OP}}=s\overrightarrow{\mathrm{OA}}+t\overrightarrow{\mathrm{OB}}$ とする。実数 s, t が $s+t\leqq 2$, $s\geqq 0$, $t\geqq 0$ を満たしながら動くとき，点Pの存在範囲を求めよ。

1 節 空間のベクトル

1 空間の座標

KEY 28
空間の座標

空間の点Pを通って各座標平面に平行な平面がx軸，y軸，z軸と交わる点をそれぞれ A，B，C とする。A，B，C の各座標軸での座標がそれぞれ a，b，c のとき，3つの実数の組(a, b, c)を点Pの座標といい，点Pを$P(a, b, c)$で表す。

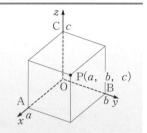

例 35

右の図の直方体において，$A(5, 0, 0)$，$G(0, 3, 2)$とする。点 B，C，D，E，F，H の座標をそれぞれ求めよ。

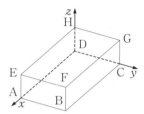

解答 $B(5, 3, 0)$，$C(0, 3, 0)$，$D(0, 0, 0)$，$E(5, 0, 2)$，$F(5, 3, 2)$，$H(0, 0, 2)$

38a [基本] 次の図の直方体において，$C(0, 2, 0)$，$E(4, 0, 1)$とする。点A，B，D，F，G，Hの座標をそれぞれ求めよ。

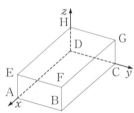

38b [基本] 次の図の直方体において，$A(2, 0, 0)$，$C(0, 3, 0)$，$H(0, 0, 5)$とする。点B，E，F，G の座標をそれぞれ求めよ。

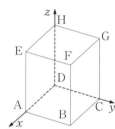

KEY 29
原点と点の距離

原点Oと点 $P(a, b, c)$ の距離は
$$OP = \sqrt{a^2 + b^2 + c^2}$$

例 36

原点Oと点 $P(2, -1, 3)$の距離を求めよ。

解答 $OP = \sqrt{2^2 + (-1)^2 + 3^2} = \sqrt{14}$

39a [基本] 原点Oと点 $P(-3, 2, 4)$の距離を求めよ。

39b [基本] 原点Oと点 $P(-5, 4, -3)$の距離を求めよ。

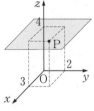

KEY 30
座標平面に平行な
平面の方程式

点 P(a, b, c)を通り,

yz 平面に平行な平面の方程式は	$x=a$
zx 平面に平行な平面の方程式は	$y=b$
xy 平面に平行な平面の方程式は	$z=c$

例 37 点 P(3, 2, 4)を通り, xy 平面に平行な平面の方程式を求めよ。

解答 $z=4$　◀求める平面上の点の z 座標は, つねに 4 である。

40a 基本 点 P(5, 1, -2)を通る次のような
平面の方程式を求めよ。

(1) xy 平面に平行な平面

(2) yz 平面に平行な平面

(3) y 軸に垂直な平面

40b 基本 点 P(-3, 4, 2)を通る次のような
平面の方程式を求めよ。

(1) xy 平面に平行な平面

(2) zx 平面に平行な平面

(3) x 軸に垂直な平面

考えてみよう 8 次の平面, 直線, 点に関して, 点 P(3, 2, 4)と対称な点の座標を求めてみよう。

(1) xy 平面　　　　(2) z 軸　　　　(3) 原点

2 空間のベクトルの演算と成分

空間においても，平面の場合と同様に，ベクトルを考えることができる。

① $\vec{a}+\vec{b}=\vec{b}+\vec{a}$　　　② $(\vec{a}+\vec{b})+\vec{c}=\vec{a}+(\vec{b}+\vec{c})$

③ $k(\ell\vec{a})=(k\ell)\vec{a}$　　　④ $(k+\ell)\vec{a}=k\vec{a}+\ell\vec{a}$

⑤ $k(\vec{a}+\vec{b})=k\vec{a}+k\vec{b}$

ただし，k，ℓ は実数とする。

例 38 右の直方体 ABCD–EFGH において，辺 BC，EF の中点を
それぞれ M，N とし，$\overrightarrow{AB}=\vec{a}$，$\overrightarrow{AD}=\vec{b}$，$\overrightarrow{AE}=\vec{c}$ とする
とき，次のベクトルを $\vec{a}$，$\vec{b}$，$\vec{c}$ を用いて表せ。

(1) $\overrightarrow{AG}$　　　(2) $\overrightarrow{AM}$　　　(3) $\overrightarrow{MN}$

解答 (1) $\overrightarrow{AG}=\overrightarrow{AB}+\overrightarrow{BC}+\overrightarrow{CG}=\vec{a}+\vec{b}+\vec{c}$

(2) $\overrightarrow{AM}=\overrightarrow{AB}+\overrightarrow{BM}=\vec{a}+\dfrac{1}{2}\vec{b}$

(3) $\overrightarrow{MN}=\overrightarrow{AN}-\overrightarrow{AM}=(\overrightarrow{AE}+\overrightarrow{EN})-(\overrightarrow{AB}+\overrightarrow{BM})=\left(\vec{c}+\dfrac{1}{2}\vec{a}\right)-\left(\vec{a}+\dfrac{1}{2}\vec{b}\right)=-\dfrac{1}{2}\vec{a}-\dfrac{1}{2}\vec{b}+\vec{c}$

41a 基本 右の直方体
ABCD–EFGH において，辺
BC，EF，FG の中点をそれ
ぞれ L，M，N とし，$\overrightarrow{AB}=\vec{a}$，
$\overrightarrow{AD}=\vec{b}$，$\overrightarrow{AE}=\vec{c}$ とすると
き，次のベクトルを $\vec{a}$，$\vec{b}$，$\vec{c}$ を用いて表せ。

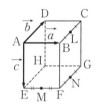

(1) $\overrightarrow{AL}$

(2) $\overrightarrow{AN}$

(3) $\overrightarrow{CM}$

41b 基本 右の四面体
ABCD において，辺 AB，
AC，CD の中点をそれぞ
れ L，M，N とし，$\overrightarrow{AB}=\vec{a}$，
$\overrightarrow{AC}=\vec{b}$，$\overrightarrow{AD}=\vec{c}$ とする
とき，次のベクトルを $\vec{a}$，$\vec{b}$，$\vec{c}$ を用いて表せ。

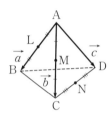

(1) $\overrightarrow{AN}$

(2) $\overrightarrow{LD}$

(3) $\overrightarrow{LN}$

KEY 32
ベクトルの相等

$\vec{a}=(a_1,\ a_2,\ a_3),\ \vec{b}=(b_1,\ b_2,\ b_3)$ のとき
$$\vec{a}=\vec{b} \iff a_1=b_1,\ a_2=b_2,\ a_3=b_3$$

例 39 $\vec{a}=(2k,\ -6,\ 8)$ と $\vec{b}=(4,\ 2+\ell,\ 1-m)$ が等しくなるように，$k,\ \ell,\ m$ の値を定めよ。

解答 $\vec{a}=\vec{b}$ から $\quad 2k=4,\ -6=2+\ell,\ 8=1-m$
よって $\quad k=2,\ \ell=-8,\ m=-7$

42a 基本 $\vec{a}=(k+2,\ \ell-1,\ 7)$ と
$\vec{b}=(5,\ k-5,\ 5-2m)$ が等しくなるように，k，ℓ，m の値を定めよ。

42b 基本 $\vec{a}=(k+1,\ 3-2\ell,\ -1)$ と
$\vec{b}=(3,\ m+2,\ m-4)$ が等しくなるように，k，ℓ，m の値を定めよ。

検印

KEY 33
ベクトルの大きさ

$\vec{a}=(a_1,\ a_2,\ a_3)$ のとき
$$|\vec{a}|=\sqrt{a_1{}^2+a_2{}^2+a_3{}^2}$$

例 40 $\vec{a}=(3,\ 4,\ 5)$ の大きさを求めよ。

解答 $|\vec{a}|=\sqrt{3^2+4^2+5^2}=\sqrt{50}=5\sqrt{2}$

43a 基本 次のベクトルの大きさを求めよ。
(1) $\vec{a}=(2,\ -3,\ 4)$

(2) $\vec{b}=(3,\ 0,\ -4)$

43b 基本 次のベクトルの大きさを求めよ。
(1) $\vec{a}=(-1,\ 2,\ -2)$

(2) $\vec{b}=(1,\ -6,\ -\sqrt{3})$

検印

KEY 34

成分によるベクトルの演算

① $(a_1, a_2, a_3)+(b_1, b_2, b_3)=(a_1+b_1, a_2+b_2, a_3+b_3)$
② $(a_1, a_2, a_3)-(b_1, b_2, b_3)=(a_1-b_1, a_2-b_2, a_3-b_3)$
③ $k(a_1, a_2, a_3)=(ka_1, ka_2, ka_3)$　　ただし, k は実数

例 41 $\vec{a}=(1, 2, 3)$, $\vec{b}=(2, -1, 1)$のとき, 次のベクトルを成分表示せよ。

(1) $3\vec{a}+\vec{b}$ (2) $2\vec{a}-3\vec{b}$

解答 (1) $3\vec{a}+\vec{b}=3(1, 2, 3)+(2, -1, 1)=(3, 6, 9)+(2, -1, 1)=(5, 5, 10)$
(2) $2\vec{a}-3\vec{b}=2(1, 2, 3)-3(2, -1, 1)=(2, 4, 6)-(6, -3, 3)=(-4, 7, 3)$

44a 基本 $\vec{a}=(2, 1, 4)$, $\vec{b}=(3, -1, 5)$のとき, 次のベクトルを成分表示せよ。

(1) $\vec{a}+\vec{b}$

(2) $2\vec{a}-3\vec{b}$

(3) $3(\vec{a}+2\vec{b})-5\vec{b}$

44b 基本 $\vec{a}=(3, 0, -2)$, $\vec{b}=(1, -4, 2)$のとき, 次のベクトルを成分表示せよ。

(1) $\vec{a}-\vec{b}$

(2) $3\vec{a}-2\vec{b}$

(3) $4(\vec{a}+\vec{b})+2(\vec{a}-2\vec{b})$

KEY 35
AB の成分と大きさ

2点 A(a_1, a_2, a_3), B(b_1, b_2, b_3)について
$$\overrightarrow{AB}=(b_1-a_1,\ b_2-a_2,\ b_3-a_3),\quad |\overrightarrow{AB}|=\sqrt{(b_1-a_1)^2+(b_2-a_2)^2+(b_3-a_3)^2}$$

例 42 2点 A(2, −1, 4), B(4, 3, −1) について, $\overrightarrow{AB}$ を成分表示し, $|\overrightarrow{AB}|$ を求めよ。

解答 $\overrightarrow{AB}=(4-2,\ 3-(-1),\ -1-4)=(2,\ 4,\ -5)$, $|\overrightarrow{AB}|=\sqrt{2^2+4^2+(-5)^2}=\sqrt{45}=3\sqrt{5}$

45a 基本 2点 A(−1, 2, 3), B(3, 4, −1)について, $\overrightarrow{AB}$ を成分表示し, $|\overrightarrow{AB}|$ を求めよ。

45b 基本 2点 A(1, 4, 3), B(−1, −2, 2)について, $\overrightarrow{AB}$ を成分表示し, $|\overrightarrow{AB}|$ を求めよ。

KEY 36
ベクトルの平行

$\vec{a}=(a_1,\ a_2,\ a_3)$, $\vec{b}=(b_1,\ b_2,\ b_3)$が $\vec{0}$ でないとき
$$\vec{a}\ /\!/\ \vec{b}\iff(b_1,\ b_2,\ b_3)=k(a_1,\ a_2,\ a_3)\text{ となる実数 }k\text{ がある}$$

例 43 $\vec{a}=(-1,\ 2,\ x)$, $\vec{b}=(3,\ y,\ 6)$が平行となるように, x, y の値を定めよ。

解答 $(3,\ y,\ 6)=k(-1,\ 2,\ x)$となる実数 k があるから
$$3=-k,\qquad y=2k,\qquad 6=kx$$
$3=-k$ から $k=-3$ よって $x=-2$, $y=-6$

46a 基本 $\vec{a}=(4,\ x,\ 2)$, $\vec{b}=(y,\ 2,\ 1)$が平行となるように, x, y の値を定めよ。

46b 基本 $\vec{a}=(x,\ -6,\ 4)$, $\vec{b}=(5,\ 3,\ y)$が平行となるように, x, y の値を定めよ。

空間における $\vec{0}$ でない 2 つのベクトル $\vec{a}$, $\vec{b}$ について，そのなす角を θ とすると

$$\vec{a}\cdot\vec{b}=|\vec{a}||\vec{b}|\cos\theta$$

例 44 1 辺の長さが 4 の正四面体 ABCD において，
内積 $\overrightarrow{AB}\cdot\overrightarrow{AC}$ を求めよ。

解答 $|\overrightarrow{AB}|=|\overrightarrow{AC}|=4$, $\overrightarrow{AB}$ と $\overrightarrow{AC}$ のなす角は $60°$ であるから

$$\overrightarrow{AB}\cdot\overrightarrow{AC}=|\overrightarrow{AB}||\overrightarrow{AC}|\cos 60°=4\times4\times\frac{1}{2}=8$$

47a 基本 例44の正四面体 ABCD において，
次の内積を求めよ。

(1) $\overrightarrow{AB}\cdot\overrightarrow{AD}$

47b 基本 例44の正四面体 ABCD において，
次の内積を求めよ。

(1) $\overrightarrow{BC}\cdot\overrightarrow{BD}$

(2) $\overrightarrow{AB}\cdot\overrightarrow{BC}$

(2) $\overrightarrow{AC}\cdot\overrightarrow{DC}$

検
印

$\vec{a}=(a_1,\ a_2,\ a_3)$, $\vec{b}=(b_1,\ b_2,\ b_3)$ のとき

① $\vec{a}\cdot\vec{b}=a_1b_1+a_2b_2+a_3b_3$

② $\vec{0}$ でない 2 つのベクトル $\vec{a}$, $\vec{b}$ のなす角を θ とするとき

$$\cos\theta=\frac{\vec{a}\cdot\vec{b}}{|\vec{a}||\vec{b}|}=\frac{a_1b_1+a_2b_2+a_3b_3}{\sqrt{a_1{}^2+a_2{}^2+a_3{}^2}\sqrt{b_1{}^2+b_2{}^2+b_3{}^2}}\quad(0°\leqq\theta\leqq180°)$$

例 45 2 つのベクトル $\vec{a}=(1,\ 1,\ 2)$, $\vec{b}=(-2,\ 4,\ 2)$ の内積 $\vec{a}\cdot\vec{b}$ となす角 θ を求めよ。

解答 $\vec{a}\cdot\vec{b}=1\times(-2)+1\times4+2\times2=6$, $|\vec{a}|=\sqrt{1^2+1^2+2^2}=\sqrt{6}$, $|\vec{b}|=\sqrt{(-2)^2+4^2+2^2}=2\sqrt{6}$

よって $\cos\theta=\dfrac{6}{\sqrt{6}\times2\sqrt{6}}=\dfrac{1}{2}$

$0°\leqq\theta\leqq180°$ であるから $\theta=60°$

48a 標準 次の2つのベクトルの内積 $\vec{a} \cdot \vec{b}$ となす角 θ を求めよ。

(1) $\vec{a} = (1,\ 0,\ 1),\ \vec{b} = (1,\ 2,\ 2)$

(2) $\vec{a} = (-2,\ 2,\ 1),\ \vec{b} = (4,\ -5,\ 3)$

48b 標準 次の2つのベクトルの内積 $\vec{a} \cdot \vec{b}$ となす角 θ を求めよ。

(1) $\vec{a} = (-1,\ 0,\ 1),\ \vec{b} = (2,\ 2,\ -1)$

(2) $\vec{a} = (-3,\ 2,\ 1),\ \vec{b} = (1,\ -3,\ 2)$

検
印

KEY 39
ベクトルの垂直

$\vec{a} \neq \vec{0},\ \vec{b} \neq \vec{0}$ で, $\vec{a} = (a_1,\ a_2,\ a_3),\ \vec{b} = (b_1,\ b_2,\ b_3)$ のとき
$$\vec{a} \perp \vec{b} \iff \vec{a} \cdot \vec{b} = 0 \iff a_1 b_1 + a_2 b_2 + a_3 b_3 = 0$$

例 **46** $\vec{a} = (1,\ 3,\ x),\ \vec{b} = (0,\ -2,\ 3)$ が垂直であるとき, x の値を求めよ。

解答 $\vec{a} \cdot \vec{b} = 0$ から $\quad 1 \times 0 + 3 \times (-2) + x \times 3 = 0$
よって $\quad -6 + 3x = 0 \qquad$ これを解いて $\quad \boldsymbol{x = 2}$

49a 基本 $\vec{a} = (7,\ x,\ 2),\ \vec{b} = (4,\ 3,\ -5)$ が垂直であるとき, x の値を求めよ。

49b 基本 $\vec{a} = (5,\ x,\ 1),$
$\vec{b} = (-1,\ x-2,\ -3)$ が垂直であるとき, x の値を求めよ。

2つのベクトル $\vec{a}=(-1,\ 0,\ 2)$, $\vec{b}=(0,\ 1,\ 3)$ の両方に垂直で,大きさが $\sqrt{14}$ のベクトルを求めよ。

解答 　求めるベクトルを $\vec{p}=(x,\ y,\ z)$ とする。

$\vec{a}\cdot\vec{p}=0$ であるから　　$-x+2z=0$ 　　　　　　　　……①

$\vec{b}\cdot\vec{p}=0$ であるから　　$y+3z=0$ 　　　　　　　　……②

$|\vec{p}|=\sqrt{14}$ であるから　　$x^2+y^2+z^2=14$ 　　　　……③　　　　◀ $|\vec{p}|^2=(\sqrt{14})^2$

①から　$x=2z$ 　……④　　　　②から　$y=-3z$ 　……⑤

④,⑤を③に代入して整理すると　　$14z^2=14$ 　　　　よって　　$z=\pm1$

$z=1$ のとき,④,⑤から　　$x=2$, $y=-3$

$z=-1$ のとき,④,⑤から　　$x=-2$, $y=3$

したがって,求めるベクトルは　　$(2,\ -3,\ 1)$, $(-2,\ 3,\ -1)$

50a 標準 2つのベクトル $\vec{a}=(2,\ 0,\ 1)$, $\vec{b}=(-1,\ 1,\ 0)$ の両方に垂直で,大きさが $\sqrt{6}$ のベクトルを求めよ。

50b 標準 2つのベクトル $\vec{a}=(-1,\ 2,\ 1)$, $\vec{b}=(2,\ -1,\ 0)$ の両方に垂直な単位ベクトルを求めよ。

4 空間の位置ベクトル

KEY 40
位置ベクトル

3点 $A(\vec{a})$, $B(\vec{b})$, $C(\vec{c})$ に対して

① $\overrightarrow{AB}=\vec{b}-\vec{a}$

② 線分 AB を $m:n$ に内分する点を $P(\vec{p})$, 外分する点を $Q(\vec{q})$ とすると

$$\vec{p}=\frac{n\vec{a}+m\vec{b}}{m+n}, \quad \vec{q}=\frac{-n\vec{a}+m\vec{b}}{m-n}$$

とくに, 線分 AB の中点 $M(\vec{m})$ は $\quad \vec{m}=\frac{\vec{a}+\vec{b}}{2}$

③ △ABC の重心を $G(\vec{g})$ とすると $\quad \vec{g}=\frac{\vec{a}+\vec{b}+\vec{c}}{3}$

例 48

4点 O, $A(\vec{a})$, $B(\vec{b})$, $C(\vec{c})$ を頂点とする四面体 OABC について, 次のベクトルを $\vec{a}$, $\vec{b}$, $\vec{c}$ を用いて表せ。

(1) 辺 AB の中点 $P(\vec{p})$ の位置ベクトル

(2) 辺 AC を $5:2$ に外分する点 $Q(\vec{q})$ の位置ベクトル

(3) $\overrightarrow{PQ}$

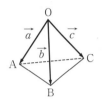

解答

(1) $\vec{p}=\dfrac{\vec{a}+\vec{b}}{2}$

(2) $\vec{q}=\dfrac{-2\vec{a}+5\vec{c}}{5-2}=\dfrac{-2\vec{a}+5\vec{c}}{3}$

(3) $\overrightarrow{PQ}=\vec{q}-\vec{p}=\dfrac{-2\vec{a}+5\vec{c}}{3}-\dfrac{\vec{a}+\vec{b}}{2}=\dfrac{2(-2\vec{a}+5\vec{c})-3(\vec{a}+\vec{b})}{6}=\dfrac{-7\vec{a}-3\vec{b}+10\vec{c}}{6}$

51a 基本 例48の四面体 OABC について, 次のベクトルを $\vec{a}$, $\vec{b}$, $\vec{c}$ を用いて表せ。

(1) 辺 AB を $3:5$ に内分する点 $P(\vec{p})$ の位置ベクトル

(2) △OAC の重心 $G(\vec{g})$ の位置ベクトル

(3) $\overrightarrow{PG}$

51b 基本 例48の四面体 OABC について, 次のベクトルを $\vec{a}$, $\vec{b}$, $\vec{c}$ を用いて表せ。

(1) 辺 BC を $2:3$ に外分する点 $Q(\vec{q})$ の位置ベクトル

(2) △ABQ の重心 $G'(\vec{g'})$ の位置ベクトル

(3) $\overrightarrow{G'B}$

$A(a_1, a_2, a_3)$, $B(b_1, b_2, b_3)$, $C(c_1, c_2, c_3)$のとき,

① 線分 AB を $m:n$ に内分する点, 外分する点の座標は, それぞれ

$$\left(\frac{na_1+mb_1}{m+n}, \frac{na_2+mb_2}{m+n}, \frac{na_3+mb_3}{m+n} \right)$$

$$\left(\frac{-na_1+mb_1}{m-n}, \frac{-na_2+mb_2}{m-n}, \frac{-na_3+mb_3}{m-n} \right)$$

とくに, 線分 AB の中点の座標は $\left(\dfrac{a_1+b_1}{2}, \dfrac{a_2+b_2}{2}, \dfrac{a_3+b_3}{2} \right)$

② △ABC の重心の座標は $\left(\dfrac{a_1+b_1+c_1}{3}, \dfrac{a_2+b_2+c_2}{3}, \dfrac{a_3+b_3+c_3}{3} \right)$

例 49 $A(1, -2, 5)$, $B(4, 1, -1)$とするとき, 次の点の座標を求めよ.

(1) 線分 AB を $1:2$ に内分する点P　　　(2) 線分 AB を $2:5$ に外分する点Q

解答

(1) 点Pの座標は $\left(\dfrac{2\times1+1\times4}{1+2}, \dfrac{2\times(-2)+1\times1}{1+2}, \dfrac{2\times5+1\times(-1)}{1+2} \right)$

すなわち $\mathbf{P(2, -1, 3)}$

(2) 点Qの座標は $\left(\dfrac{(-5)\times1+2\times4}{2-5}, \dfrac{(-5)\times(-2)+2\times1}{2-5}, \dfrac{(-5)\times5+2\times(-1)}{2-5} \right)$

すなわち $\mathbf{Q(-1, -4, 9)}$

52a 基本 $A(-3, 1, 4)$, $B(5, -3, 0)$とするとき, 次の点の座標を求めよ.

(1) 線分 AB の中点 M

(2) 線分 AB を $3:5$ に外分する点 Q

52b 基本 点Oを原点とし, $A(0, 7, 6)$, $B(4, -5, -2)$とするとき, 次の点の座標を求めよ.

(1) 線分 AB を $3:1$ に内分する点 P

(2) △OAP の重心 G

5 ベクトルの空間図形への応用

KEY 42
3点 A，B，C が一直線上にある $\iff$ $\overrightarrow{AC}=k\overrightarrow{AB}$ となる実数 k がある

一直線上にある条件

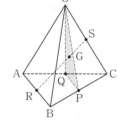

例 50 四面体 OABC において，辺 BC，CA，AB，OC の中点をそれぞれ P，Q，R，S とし，△OPQ の重心を G とするとき，3点 R，G，S は一直線上にあることを証明せよ。

証明 $\overrightarrow{OA}=\vec{a}$，$\overrightarrow{OB}=\vec{b}$，$\overrightarrow{OC}=\vec{c}$ とする。

$$\overrightarrow{OG}=\frac{\overrightarrow{OP}+\overrightarrow{OQ}}{3}=\frac{\frac{\vec{b}+\vec{c}}{2}+\frac{\vec{c}+\vec{a}}{2}}{3}=\frac{\vec{a}+\vec{b}+2\vec{c}}{6}, \quad \overrightarrow{OR}=\frac{\vec{a}+\vec{b}}{2} \text{ であるから}$$

$$\overrightarrow{RG}=\overrightarrow{OG}-\overrightarrow{OR}=\frac{\vec{a}+\vec{b}+2\vec{c}}{6}-\frac{\vec{a}+\vec{b}}{2}=\frac{-\vec{a}-\vec{b}+\vec{c}}{3}$$

$$\overrightarrow{RS}=\overrightarrow{OS}-\overrightarrow{OR}=\frac{1}{2}\vec{c}-\frac{\vec{a}+\vec{b}}{2}=\frac{-\vec{a}-\vec{b}+\vec{c}}{2}$$

よって $\overrightarrow{RS}=\frac{3}{2}\overrightarrow{RG}$ したがって，3点 R，G，S は一直線上にある。

53a 標準 四面体 OABC において，辺 OA，OB，OC を 3:1 に内分する点をそれぞれ D，E，F とし，△DEF の重心を G，△OBC の重心を H とするとき，3点 A，G，H は一直線上にあることを証明せよ。

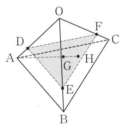

53b 標準 立方体 ABCD–EFGH において，辺 AD，AB，線分 EG の中点をそれぞれ L，M，N とし，△LMN の重心を K とするとき，3点 A，K，G は一直線上にあることを証明せよ。

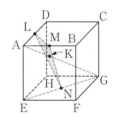

2章 空間のベクトル

検印

KEY 43

$AB \perp CD$ を示すには，$\overrightarrow{AB} \neq \vec{0}$，$\overrightarrow{CD} \neq \vec{0}$ のとき，$\overrightarrow{AB} \cdot \overrightarrow{CD} = 0$ となることを示せばよい。

内積の利用

例 51 正四面体 ABCD において，△BCD の重心を G とするとき，AG⊥BC であることを，ベクトルを用いて証明せよ。

証明 $\overrightarrow{AB} = \vec{b}$，$\overrightarrow{AC} = \vec{c}$，$\overrightarrow{AD} = \vec{d}$ とすると

$$\overrightarrow{AG} \cdot \overrightarrow{BC} = \frac{\vec{b} + \vec{c} + \vec{d}}{3} \cdot (\vec{c} - \vec{b})$$

$$= \frac{1}{3}(\vec{b} \cdot \vec{c} - |\vec{b}|^2 + |\vec{c}|^2 - \vec{b} \cdot \vec{c} + \vec{c} \cdot \vec{d} - \vec{b} \cdot \vec{d})$$

$$= \frac{1}{3}(-|\vec{b}|^2 + |\vec{c}|^2 + \vec{c} \cdot \vec{d} - \vec{b} \cdot \vec{d}) \qquad \cdots\cdots ①$$

正四面体の各面は正三角形であるから

$$|\vec{b}| = |\vec{c}|, \quad \vec{c} \cdot \vec{d} = |\vec{c}||\vec{d}|\cos 60°, \quad \vec{b} \cdot \vec{d} = |\vec{b}||\vec{d}|\cos 60°$$

よって　$|\vec{b}|^2 = |\vec{c}|^2$，$\vec{c} \cdot \vec{d} = \vec{b} \cdot \vec{d}$

したがって，①から　$\overrightarrow{AG} \cdot \overrightarrow{BC} = 0$

$\overrightarrow{AG} \neq \vec{0}$，$\overrightarrow{BC} \neq \vec{0}$ であるから　AG⊥BC

54a 標準 立方体 ABCD-EFGH において，AG⊥BE であることを，ベクトルを用いて証明せよ。

54b 標準 正四面体 ABCD において，辺 AB，CD の中点をそれぞれ M，N とするとき，AB⊥MN であることを，ベクトルを用いて証明せよ。

6 球面の方程式

KEY 44
球面の方程式

空間において，点 $C(a, b, c)$ を中心とする半径 r の球面の方程式は
$$(x-a)^2+(y-b)^2+(z-c)^2=r^2$$
とくに，原点を中心とする半径 r の球面の方程式は
$$x^2+y^2+z^2=r^2$$

例 52 原点を中心とし，点 $(1, -2, 2)$ を通る球面の方程式を求めよ。

解答 半径を r とすると $r=\sqrt{1^2+(-2)^2+2^2}=3$
よって，求める球面の方程式は $x^2+y^2+z^2=9$

55a 基本 次の球面の方程式を求めよ。

(1) 原点を中心とし，半径 3 の球面

(2) 点 $(4, -1, -2)$ を中心とし，半径 3 の球面

(3) 点 $C(-1, 2, 1)$ を中心とし，原点を通る球面

55b 基本 次の球面の方程式を求めよ。

(1) 点 $(2, -3, 1)$ を中心とし，半径 1 の球面

(2) 点 $(0, 0, -2)$ を中心とし，半径 $\sqrt{7}$ の球面

(3) 点 $C(3, -5, 1)$ を中心とし，
点 $A(2, -3, 2)$ を通る球面

考えてみよう 9 点 $C(-1, -6, 2)$ を中心とし，zx 平面に接する球面の方程式を求めてみよう。

例題 6 四面体の体積

4点 O(0, 0, 0), A(2, 0, 0), B(0, 4, 0), C(0, 0, 3)を頂点とする四面体 OABC がある。
次の問いに答えよ。

(1) 四面体 OABC の体積 V を求めよ。　　　(2) △ABC の面積 S を求めよ。

(3) 平面 ABC に原点Oから引いた垂線 OH の長さ h を求めよ。

【ガイド】　(1) 底面を △OAB，高さを OC と考える。

(2) 空間内の △ABC の面積 S は，平面のときと同様に，$S=\dfrac{1}{2}\sqrt{|\overrightarrow{AB}|^2|\overrightarrow{AC}|^2-(\overrightarrow{AB}\cdot\overrightarrow{AC})^2}$ で表される。

(3) 底面を △ABC，高さを OH と考えて体積を表し，(1)の V と等しいことから h を求める。

解 答　(1) $V=\dfrac{1}{3}\times\triangle\text{OAB}\times\text{OC}=\dfrac{1}{3}\times\left(\dfrac{1}{2}\times2\times4\right)\times3=\boldsymbol{4}$

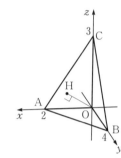

(2) $\overrightarrow{AB}=(-2,\ 4,\ 0)$, $\overrightarrow{AC}=(-2,\ 0,\ 3)$ であるから
$|\overrightarrow{AB}|^2=(-2)^2+4^2+0^2=20$, $|\overrightarrow{AC}|^2=(-2)^2+0^2+3^2=13$,
$\overrightarrow{AB}\cdot\overrightarrow{AC}=(-2)\times(-2)+4\times0+0\times3=4$

よって $S=\dfrac{1}{2}\sqrt{|\overrightarrow{AB}|^2|\overrightarrow{AC}|^2-(\overrightarrow{AB}\cdot\overrightarrow{AC})^2}$

$=\dfrac{1}{2}\sqrt{20\times13-4^2}=\dfrac{1}{2}\sqrt{244}=\boldsymbol{\sqrt{61}}$

(3) 底面を △ABC，高さを OH と考えると $V=\dfrac{1}{3}\times S\times\text{OH}=\dfrac{\sqrt{61}}{3}h$

(1)より，$V=4$ であるから $\dfrac{\sqrt{61}}{3}h=4$　　　したがって $h=\dfrac{12}{\sqrt{61}}=\boldsymbol{\dfrac{12\sqrt{61}}{61}}$

練習 6 4点 O(0, 0, 0), A(1, 0, 0), B(0, 3, 0), C(0, 0, 3)を頂点とする四面体 OABC がある。
次の問いに答えよ。

(1) 四面体 OABC の体積 V を求めよ。

(2) △ABC の面積 S を求めよ。

(3) 平面 △ABC に原点Oから引いた垂線 OH の長さ h を求めよ。

例題 7 同一平面上にある 4 点

3 点 A(1, 1, 1), B(2, 2, 3), C(−3, −1, −2)で定まる平面上に点 P(x, 1, 2)があるとき, x の値を求めよ。

【ガイド】 一般に, 次のことが成り立つ。

点 P が平面 ABC 上にある $\iff$ $\overrightarrow{CP}=s\overrightarrow{CA}+t\overrightarrow{CB}$ となる実数 s, t がある
$\overrightarrow{CP}$, $\overrightarrow{CA}$, $\overrightarrow{CB}$ をそれぞれ成分表示して, $\overrightarrow{CP}=s\overrightarrow{CA}+t\overrightarrow{CB}$ となる実数 s, t
があることから, s, t, x の連立方程式を導く。

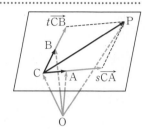

解答 $\overrightarrow{CP}=(x+3, 2, 4)$, $\overrightarrow{CA}=(4, 2, 3)$, $\overrightarrow{CB}=(5, 3, 5)$ であり,
$\overrightarrow{CP}=s\overrightarrow{CA}+t\overrightarrow{CB}$ となる実数 s, t があるから

$$(x+3, 2, 4)=s(4, 2, 3)+t(5, 3, 5)$$

すなわち $(x+3, 2, 4)=(4s+5t, 2s+3t, 3s+5t)$

よって
$$\begin{cases} x+3=4s+5t & \cdots\cdots① \\ 2=2s+3t & \cdots\cdots② \\ 4=3s+5t & \cdots\cdots③ \end{cases}$$

②, ③から $s=-2$, $t=2$

これを①に代入して $x=-1$

練習 7 3 点 A(−1, 2, −2), B(−3, 1, 0), C(1, 2, −3)で定まる平面上に点 P(1, −1, z)があるとき, z の値を求めよ。

1 複素数

KEY 45
複素数の相等

a, b, c, d を実数とするとき $a+bi=c+di \iff a=c$ かつ $b=d$
とくに $a+bi=0 \iff a=b=0$

例 53 $(4a+1)+(b-5)i=9+5i$ を満たす実数 a, b の値を求めよ。

解答 $4a+1$, $b-5$ は実数であるから $4a+1=9$, $b-5=5$ したがって $a=2$, $b=10$

56a 基本 等式 $3a-1+(2b+4)i=5+2i$ を満たす実数 a, b の値を求めよ。

56b 基本 等式 $(a+2)+(3b-5)i=0$ を満たす実数 a, b の値を求めよ。

検印

KEY 46
複素数の加法・減法・乗法

複素数の四則計算は，i をこれまでの文字と同様に扱い，i^2 が現れたときには，それを -1 でおきかえて計算する。

例 54 次の計算をせよ。

(1) $(2+3i)+(5-4i)$

(2) $(3-2i)(2+5i)$

解答
(1) $(2+3i)+(5-4i)=(2+5)+\{3+(-4)\}i=7-i$
(2) $(3-2i)(2+5i)=6+15i-4i-10i^2=6+11i-10\cdot(-1)=16+11i$

57a 基本 次の計算をせよ。

(1) $(5-7i)+(-4+6i)$

57b 基本 次の計算をせよ。

(1) $(2+\sqrt{3}\,i)-(7-4\sqrt{3}\,i)$

(2) $(3+\sqrt{2}\,i)(3-\sqrt{2}\,i)$

(2) $(-2+5i)(3-i)$

(3) $(4+3i)^2$

(3) $(2-i)^3$

検印

KEY 47
共役な複素数

複素数 $z=a+bi$ に対して，共役な複素数 $\bar{z}$ は　$\bar{z}=a-bi$
とくに　　z が実数　$\Longleftrightarrow \bar{z}=z$
　　　　　z が純虚数　$\Longleftrightarrow \bar{z}=-z$ かつ $z \neq 0$

例 55 複素数 $1-\sqrt{3}\,i$ と共役な複素数を求めよ。

解答　$1+\sqrt{3}\,i$

58a 基本 次の複素数と共役な複素数を求めよ。

(1) $-3+2i$

(2) 1

58b 基本 次の複素数と共役な複素数を求めよ。

(1) $4-\sqrt{2}\,i$

(2) $-3i$

KEY 48
複素数の除法

分母と分子に，分母と共役な複素数を掛けるなどして，分母を実数になおし，$a+bi$ の形にする。

例 56 $\dfrac{2+3i}{1-4i}$ を計算せよ。

解答　$\dfrac{2+3i}{1-4i}=\dfrac{(2+3i)(1+4i)}{(1-4i)(1+4i)}=\dfrac{2+11i+12i^2}{1-16i^2}=\dfrac{-10+11i}{17}=-\dfrac{10}{17}+\dfrac{11}{17}i$

59a 基本 次の計算をせよ。

(1) $\dfrac{5-3i}{2i}$

(2) $\dfrac{2+i}{4-3i}$

59b 基本 次の計算をせよ。

(1) $\dfrac{2i}{1+i}$

(2) $\dfrac{-1-4i}{-1+4i}$

2 複素数平面

KEY 49
複素数の図表示

① 複素数 $a+bi$ に座標平面上の点 (a, b) を対応させ，複素数 $a+bi$ を表す平面を複素数平面という。

② 複素数 z について，4点 z, $\overline{z}$, $-z$, $-\overline{z}$ は複素数平面上で，次のような位置関係にある。

点 z と点 $\overline{z}$ は，実軸に関して対称な位置にある。

点 z と点 $-z$ は，原点に関して対称な位置にある。

点 z と点 $-\overline{z}$ は，虚軸に関して対称な位置にある。

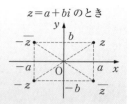

例 57 複素数 $3+2i$ を表す点を複素数平面上に図示せよ。

解答

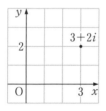

60a 基本 次の複素数を表す点を，複素数平面上に図示せよ。

$A(-4+3i)$, $B(1-2i)$, $C(2)$, $D(-3i)$

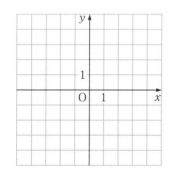

60b 基本 次の複素数を表す点を，複素数平面上に図示せよ。

$A(2+4i)$, $B(-3-i)$, $C(-4)$, $D(i)$

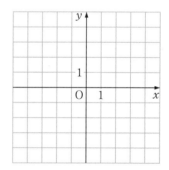

61a 基本 $z=4-2i$ とするとき，4点 z, $\overline{z}$, $-z$, $-\overline{z}$ を複素数平面上に図示せよ。

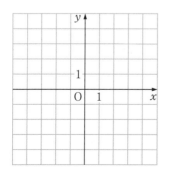

61b 基本 $z=-2-3i$ とするとき，4点 z, $\overline{z}$, $-z$, $-\overline{z}$ を複素数平面上に図示せよ。

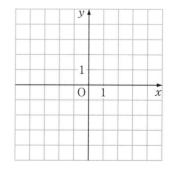

検印

KEY 50
複素数の加法・減法・実数倍

① 加法　点 z_1+z_2 は，原点を点 z_2 に移す平行移動によって，点 z_1 を移した点である。

② 減法　点 z_1-z_2 は，点 z_2 を原点に移す平行移動によって，点 z_1 を移した点である。

③ 実数倍
z を 0 でない複素数，k を実数とすると，3 点 O，P(z)，Q(kz) は一直線上にある。

$k>0$ のとき，点Qは，原点に関して点Pと同じ側にあり，原点からの距離 OQ は線分 OP の k 倍である。

$k<0$ のとき，点Qは，原点に関して点Pと反対側にあり，原点からの距離 OQ は線分 OP の $|k|$ 倍である。

$k=0$ のとき，$kz=0$ であり，点Qは原点である。

例 58 $z_1=3-i$，$z_2=1+2i$ とする。このとき，複素数平面上に次の点を図示せよ。

(1) z_1+z_2　　　　　(2) z_1-z_2　　　　　(3) $2z_1$

解答　(1)
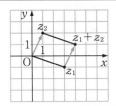
(2)
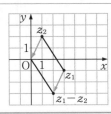
(3)
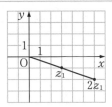

62a 基本　$z_1=-2+i$，$z_2=1-3i$ とする。
このとき，複素数平面上に次の点を図示せよ。

(1) z_1+z_2

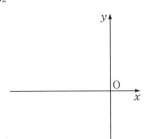

(2) z_1-z_2

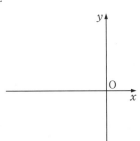

(3) $3z_1$

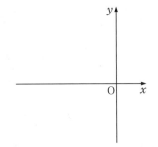

62b 基本　$z_1=-1+2i$，$z_2=1+i$ とする。
このとき，複素数平面上に次の点を図示せよ。

(1) z_1+2z_2

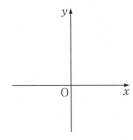

(2) z_2-z_1

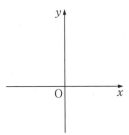

(3) $-2\overline{z_1}$

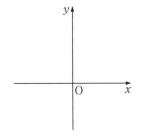

3 複素数の極形式

0 でない複素数 $z = a + bi$ の極形式は
$$z = r(\cos\theta + i\sin\theta)$$
ただし，r は z の絶対値で $r = \sqrt{a^2 + b^2}$

θ は z の偏角で $\cos\theta = \dfrac{a}{r}$，$\sin\theta = \dfrac{b}{r}$

また，z の絶対値は $|z|$，偏角は $\arg z$ で表す。 ◀ $r = |z|$，$\theta = \arg z$

例 59 $z = 1 + \sqrt{3}\,i$ を極形式で表せ。ただし，偏角 θ は $0° \leqq \theta < 360°$ とする。

解答 絶対値は $|z| = \sqrt{1^2 + (\sqrt{3})^2} = 2$

偏角 θ は，$0° \leqq \theta < 360°$ の範囲で考えると，$\theta = 60°$ であるから，極形式は
$$z = 2(\cos 60° + i\sin 60°)$$

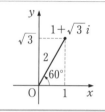

63a 基本 次の複素数を極形式で表せ。ただし，偏角 θ は $0° \leqq \theta < 360°$ とする。

(1) $1 - i$

(2) $-3 - \sqrt{3}\,i$

(3) $-3i$

63b 基本 次の複素数を極形式で表せ。ただし，偏角 θ は $0° \leqq \theta < 360°$ とする。

(1) $-\sqrt{3} + i$

(2) $\dfrac{\sqrt{3}}{2} - \dfrac{1}{2}i$

(3) -1

考えてみよう 10 $|z| = 1$，$\arg z = 135°$ を満たす複素数 z を，$a + bi$ の形で表してみよう。

KEY 52
複素数の積

① 積の絶対値は，それぞれの絶対値の積に等しい。
$$|z_1 z_2| = |z_1||z_2|$$
② 積の偏角は，それぞれの偏角の和に等しい。
$$\arg(z_1 z_2) = \arg z_1 + \arg z_2$$

例 60 $z_1 = -1 + i$, $z_2 = 1 + \sqrt{3}\,i$ のとき，積 $z_1 z_2$ の絶対値と偏角を求めよ。

解答 偏角 θ を $0° \leqq \theta < 360°$ の範囲で考えると，z_1, z_2 は極形式で
$$z_1 = \sqrt{2}(\cos 135° + i \sin 135°), \quad z_2 = 2(\cos 60° + i \sin 60°)$$
と表される。
よって $|z_1 z_2| = |z_1||z_2| = \sqrt{2} \times 2 = \mathbf{2\sqrt{2}}$, $\arg(z_1 z_2) = \arg z_1 + \arg z_2 = 135° + 60° = \mathbf{195°}$

64a 基本 次の複素数について，積 $z_1 z_2$ の絶対値と偏角を求めよ。

(1) $z_1 = -1 + \sqrt{3}\,i$, $z_2 = 1 + i$

64b 基本 次の複素数について，積 $z_1 z_2$ の絶対値と偏角を求めよ。

(1) $z_1 = -1 - i$, $z_2 = 3\sqrt{3} + 3i$

(2) $z_1 = -2 + 2i$, $z_2 = 1 + \sqrt{3}\,i$

(2) $z_1 = \dfrac{1}{2} + \dfrac{\sqrt{3}}{2}i$, $z_2 = 3$

検印

KEY 53
複素数の積を表す点

積 z_1z_2 を表す点は，点 z_1 を原点のまわりに複素数 z_2 の偏角 θ だけ回転し，原点からの距離を $|z_2|$ 倍した点である。

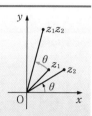

例 61 $z_1=1+i$, $z_2=-\sqrt{3}+i$ のとき，点 z_1z_2 は点 z_1 をどのように移動した点か。

解答 $z_2=2(\cos150°+i\sin150°)$

であるから，点 z_1z_2 は，点 z_1 を原点のまわりに $150°$ だけ回転し，原点からの距離を 2 倍した点である。

65a 基本 次の複素数について，点 z_1z_2 は点 z_1 をどのように移動した点か。

(1) $z_1=1+2i$, $z_2=1-i$

65b 基本 次の複素数について，点 z_1z_2 は点 z_1 をどのように移動した点か。

(1) $z_1=-i$, $z_2=\dfrac{1}{2}+\dfrac{\sqrt{3}}{2}i$

(2) $z_1=4+3i$, $z_2=3i$

(2) $z_1=-1-i$, $z_2=2\sqrt{3}-2i$

KEY 54
原点のまわりの回転

複素数 z_1 と $\cos\theta + i\sin\theta$ の積
$$z_1(\cos\theta + i\sin\theta)$$
を表す点は，点 z_1 を原点のまわりに偏角 θ だけ回転した点である。

例 62 $z_1 = 4 + 2\sqrt{3}\,i$ とする。点 z_1 を原点のまわりに $30°$ だけ回転した点を表す複素数を求めよ。

解答 $z_1(\cos 30° + i\sin 30°) = (4 + 2\sqrt{3}\,i)\left(\dfrac{\sqrt{3}}{2} + \dfrac{1}{2}i\right) = \sqrt{3} + 5i$

66a 基本 $z_1 = 2 + i$ とする。点 z_1 を原点のまわりに次の角度だけ回転した点を表す複素数を求めよ。

(1) $45°$

(2) $90°$

66b 基本 $z_1 = 4\sqrt{3} - 2i$ とする。点 z_1 を原点のまわりに次の角度だけ回転した点を表す複素数を求めよ。

(1) $150°$

(2) $-90°$

考えてみよう 11 $z_1 = 1 - \sqrt{3}\,i$ とする。点 z_1 を原点のまわりに $30°$ だけ回転し，原点からの距離を 2 倍した点を表す複素数を求めてみよう。

① 商の絶対値は，それぞれの絶対値の商に等しい。
$$\left|\frac{z_1}{z_2}\right| = \frac{|z_1|}{|z_2|}$$

② 商の偏角は，それぞれの偏角の差に等しい。
$$\arg\frac{z_1}{z_2} = \arg z_1 - \arg z_2$$

例 63 $z_1 = -1 + i,\ z_2 = 1 + \sqrt{3}\,i$ について，商 $\dfrac{z_1}{z_2}$ の絶対値と偏角を求めよ。

解答 偏角 θ を $0° \leq \theta < 360°$ の範囲で考えると，$z_1,\ z_2$ は極形式で
$$z_1 = \sqrt{2}\,(\cos 135° + i\sin 135°),\quad z_2 = 2(\cos 60° + i\sin 60°)$$
と表される。

よって $\left|\dfrac{z_1}{z_2}\right| = \dfrac{|z_1|}{|z_2|} = \dfrac{\sqrt{2}}{2},\quad \arg\dfrac{z_1}{z_2} = \arg z_1 - \arg z_2 = 135° - 60° = \mathbf{75°}$

67a 基本 次の複素数について，商 $\dfrac{z_1}{z_2}$ の絶対値と偏角を求めよ。

(1) $z_1 = 1 - \sqrt{3}\,i,\ z_2 = 1 + i$

(2) $z_1 = -2 + 2i,\ z_2 = 4i$

67b 基本 次の複素数について，商 $\dfrac{z_1}{z_2}$ の絶対値と偏角を求めよ。

(1) $z_1 = -1 + \sqrt{3}\,i,\ z_2 = \sqrt{3} + 3i$

(2) $z_1 = 2\sqrt{3} - 2i,\ z_2 = -3$

KEY 56

商を表す点

商 $\dfrac{z_1}{z_2}$ を表す点は，点 z_1 を原点のまわりに複素数 z_2 の偏角 θ だけ負の向きに回転し，原点からの距離を $\dfrac{1}{|z_2|}$ 倍した点である。

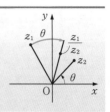

例 64 $z_1=1+i$, $z_2=1+\sqrt{3}\,i$ のとき，点 $\dfrac{z_1}{z_2}$ は，点 z_1 をどのように移動した点か。

解答 $z_2=2(\cos 60°+i\sin 60°)$ であるから，

点 $\dfrac{z_1}{z_2}$ は，点 z_1 を原点のまわりに $60°$ だけ負の向きに回転し，原点からの距離を $\dfrac{1}{2}$ 倍した点である。

68a 基本 次の複素数について，

点 $\dfrac{z_1}{z_2}$ は点 z_1 をどのように移動した点か。

(1) $z_1=2+i$, $z_2=1-i$

68b 基本 次の複素数について，

点 $\dfrac{z_1}{z_2}$ は点 z_1 をどのように移動した点か。

(1) $z_1=4i$, $z_2=-\sqrt{3}+i$

(2) $z_1=1-i$, $z_2=3i$

(2) $z_1=3-2i$, $z_2=2-2\sqrt{3}\,i$

検印

4 ド・モアブルの定理

KEY 57
ド・モアブルの定理

n が整数のとき
$$(\cos\theta + i\sin\theta)^n = \cos n\theta + i\sin n\theta$$

例 65 複素数 $(1+\sqrt{3}\,i)^6$ の値を求めよ。

解答 $1+\sqrt{3}\,i$ を極形式で表すと $1+\sqrt{3}\,i = 2(\cos 60° + i\sin 60°)$

よって，ド・モアブルの定理により

$$(1+\sqrt{3}\,i)^6 = 2^6(\cos 60° + i\sin 60°)^6 = 64\{\cos(60°×6) + i\sin(60°×6)\}$$
$$= 64(\cos 360° + i\sin 360°) = 64×1 = \mathbf{64}$$

69a 基本 次の複素数の値を求めよ。

(1) $(\cos 72° + i\sin 72°)^5$

(2) $(3+\sqrt{3}\,i)^3$

(3) $(1+i)^{-4}$

69b 基本 次の複素数の値を求めよ。

(1) $(\cos 15° + i\sin 15°)^3$

(2) $(-1+i)^6$

(3) $(-1-\sqrt{3}\,i)^{-6}$

KEY 58
方程式 $z^n = \alpha$ の解法

$z = r(\cos\theta + i\sin\theta)$ とおき，ド・モアブルの定理を利用して両辺をそれぞれ極形式で表す。このとき，z^n の絶対値は α の絶対値に等しく，z^n の偏角は α の偏角に等しい。

例 66 方程式 $z^2 = 2i$ を解け。

解答 $z = r(\cos\theta + i\sin\theta)$ とおくと，ド・モアブルの定理により $z^2 = r^2(\cos 2\theta + i\sin 2\theta)$

$2i$ を極形式で表すと $2i = 2(\cos 90° + i\sin 90°)$

よって $r^2(\cos 2\theta + i\sin 2\theta) = 2(\cos 90° + i\sin 90°)$

両辺の絶対値と偏角を比較すると $r^2 = 2$, $2\theta = 90° + 360° \times k$ （k は整数） ◀一般角で考える。

これを解いて $r = \sqrt{2}$, $\theta = 45° + 180° \times k$ （k は整数）

$0° \leqq \theta < 360°$ を満たす k の値は $k = 0$, 1

$k = 0$ のとき $z = \sqrt{2}(\cos 45° + i\sin 45°) = 1 + i$

$k = 1$ のとき $z = \sqrt{2}(\cos 225° + i\sin 225°) = -1 - i$

したがって，求める解は $z = 1 + i$, $-1 - i$

70a 標準 方程式 $z^2 = \dfrac{1 + \sqrt{3}\,i}{2}$ を解け。

70b 標準 方程式 $z^3 = -8$ を解け。

5 図形への応用

2点 z_1, z_2 を結ぶ線分を

$m:n$ に内分する点を表す複素数は $\dfrac{nz_1+mz_2}{m+n}$

$m:n$ に外分する点を表す複素数は $\dfrac{-nz_1+mz_2}{m-n}$

とくに，線分の中点を表す複素数は $\dfrac{z_1+z_2}{2}$

例 67 2点 $z_1=4+2i$, $z_2=-1+7i$ を結ぶ線分について，次の点を表す複素数を求めよ。

(1) $3:2$ に内分する点　　　(2) $1:3$ に外分する点

解答 (1) $\dfrac{2\cdot(4+2i)+3\cdot(-1+7i)}{3+2}=\dfrac{5+25i}{5}=1+5i$

(2) $\dfrac{-3\cdot(4+2i)+1\cdot(-1+7i)}{1-3}=\dfrac{-13+i}{-2}=\dfrac{13}{2}-\dfrac{1}{2}i$

71a 基本 2点 $z_1=5-i$, $z_2=3+2i$ を結ぶ線分について，次の点を表す複素数を求めよ。

(1) $3:4$ に内分する点

71b 基本 2点 $z_1=-1+i$, $z_2=3-5i$ を結ぶ線分について，次の点を表す複素数を求めよ。

(1) $5:3$ に内分する点

(2) $3:1$ に外分する点

(2) $2:3$ に外分する点

(3) 中点

(3) 中点

KEY 60
三角形の重心を表す
複素数

3点 z_1, z_2, z_3 を頂点とする三角形の重心を表す複素数は $\dfrac{z_1+z_2+z_3}{3}$

例 68 3点 A$(3+2i)$, B$(5-3i)$, C$(-1-5i)$ を頂点とする △ABC の重心を表す複素数を求めよ。

解答 $\dfrac{(3+2i)+(5-3i)+(-1-5i)}{3}=\dfrac{7-6i}{3}=\dfrac{7}{3}-2i$

72a 基本 3点 A$(2+3i)$, B$(1-2i)$, C$(6+2i)$ を頂点とする △ABC の重心を表す複素数を求めよ。

72b 基本 3点 A$(-2+3i)$, B$(5-i)$, C$(3+7i)$ を頂点とする △ABC の重心を表す複素数を求めよ。

検
印

KEY 61
2点間の距離

2点 z_1, z_2 間の距離は $|z_2-z_1|$

例 69 2点 $z_1=5+i$, $z_2=1+4i$ 間の距離を求めよ。

解答 $|z_2-z_1|=|(1+4i)-(5+i)|=|-4+3i|=\sqrt{(-4)^2+3^2}=\sqrt{25}=5$

73a 基本 次の2点間の距離を求めよ。
(1) $z_1=7+3i$, $z_2=-5+8i$

73b 基本 次の2点間の距離を求めよ。
(1) $z_1=4+3i$, $z_2=-3-i$

(2) $z_1=5-3i$, $z_2=-1$

(2) $z_1=\sqrt{3}\,i$, $z_2=2$

検
印

KEY 62
線分の垂直二等分線

等式 $|z-\alpha|=|z-\beta|$ を満たす点 z のえがく図形は，
2 点 A(α)，B(β) を結ぶ線分 AB の垂直二等分線である。

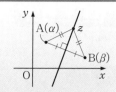

例 70 2 点 A(4)，B($1+i$) を結ぶ線分 AB の垂直二等分線の方程式を求めよ。

解答 求める垂直二等分線上の任意の点を P(z) とすると AP$=|z-4|$，BP$=|z-(1+i)|$
AP$=$BP であるから，求める直線の方程式は $|z-4|=|z-(1+i)|$

74a 基本 次の 2 点を結ぶ線分の垂直二等分線の方程式を求めよ。

(1) A($4i$)，B(-1)

(2) A($-2+i$)，B($-3i$)

74b 基本 次の 2 点を結ぶ線分の垂直二等分線の方程式を求めよ。

(1) A($5+i$)，B($-1-i$)

(2) O(0)，A($-1+3i$)

75a 基本 次の等式を満たす点 z の全体は，複素数平面上でどのような図形をえがくか。

$$|z+3|=|z-2i|$$

75b 基本 次の等式を満たす点 z の全体は，複素数平面上でどのような図形をえがくか。

$$|z-i|=|z+4+i|$$

KEY 63

円の方程式

r を正の実数とする。
等式 $|z-\alpha|=r$ を満たす点 z のえがく図形は，点 α を中心とする半径 r の円である。

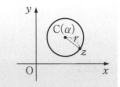

例 71 点 C$(4-3i)$ を中心とし，原点を通る円の方程式を求めよ。

解答 OC$=\sqrt{4^2+(-3)^2}=\sqrt{25}=5$ であるから，この円の半径は 5 である。
円上の任意の点を P(z) とすると，CP$=5$ であるから，求める円の方程式は $|z-(4-3i)|=5$

76a 基本 次の円の方程式を求めよ。

(1) 点 C(i) を中心とし，半径が 4 の円

(2) 点 C$(2+i)$ を中心とし，原点を通る円

(3) 点 C$(3-4i)$ を中心とし，虚軸に接する円

76b 基本 次の円の方程式を求めよ。

(1) 点 C$(-3+2i)$ を中心とし，半径が 1 の円

(2) 点 C$(3-i)$ を中心とし，点 A$(2+i)$ を通る円

(3) 2点 3，$-3i$ で両軸に接する円

77a 基本 次の等式を満たす点 z の全体は，複素数平面上でどのような図形をえがくか。

$$|z-2+i|=3$$

77b 基本 次の等式を満たす点 z の全体は，複素数平面上でどのような図形をえがくか。

$$|2z-i|=1$$

例 72 点zが，原点Oを中心とし，半径が1の円周上を動くとき，$w=iz+2$を満たす点wのえがく図形を求めよ。

解答 点zは，中心O，半径が1の円周上にあるから　$|z|=1$　……①

$w=iz+2$ より　$z=\dfrac{w-2}{i}$　……②

②を①に代入すると　$\left|\dfrac{w-2}{i}\right|=1$　　$\dfrac{|w-2|}{|i|}=1$　　◀$|i|=1$

よって　$|w-2|=1$

したがって，点wは，点2を中心とし，半径が1の円をえがく。

78a 標準 点zが，原点Oを中心とし，半径が1の円周上を動くとき，$w=z+1+2i$を満たす点wのえがく図形を求めよ。

78b 標準 点zが，原点Oを中心とし，半径が2の円周上を動くとき，$w=2z+i$を満たす点wのえがく図形を求めよ。

異なる3点 $A(z_1)$, $B(z_2)$, $C(z_3)$ に対して

$$\angle ABC = \arg \frac{z_3 - z_2}{z_1 - z_2}$$

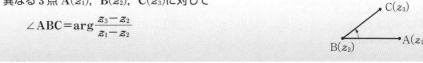

例 73 $A(4+3i)$, $B(2i)$, $C(3+7i)$ のとき, $\angle ABC$ の大きさを求めよ。

解答 $\dfrac{3+7i-2i}{4+3i-2i} = \dfrac{3+5i}{4+i} = \dfrac{(3+5i)(4-i)}{(4+i)(4-i)} = \dfrac{17+17i}{16+1} = 1+i = \sqrt{2}\,(\cos 45° + i \sin 45°)$

よって $\angle ABC = \mathbf{45°}$

79a 基本 次の3点に対して, $\angle ABC$ の大きさを求めよ。

(1) $A(3-2i)$, $B(1)$, $C(2+i)$

(2) $A(2+3i)$, $B(2+5i)$, $C(3+4i)$

79b 基本 次の3点に対して, $\angle ABC$ の大きさを求めよ。

(1) $A(9+6i)$, $B(1+2i)$, $C(2+5i)$

(2) $A(3-\sqrt{3}\,i)$, $B(1-2\sqrt{3}\,i)$, $C(\sqrt{3}\,i)$

異なる3点 $A(z_1)$，$B(z_2)$，$C(z_3)$ に対して

$$3点 A，B，C が一直線上にある \iff \frac{z_3-z_2}{z_1-z_2} が実数$$

$$BA \perp BC \iff \frac{z_3-z_2}{z_1-z_2} が純虚数$$

例 74 3点 $A(1+5i)$，$B(2+3i)$，$C(-1+3ki)$ に対して，次の条件を満たす実数 k の値を求めよ。

(1) 3点が一直線上にある   (2) $BA \perp BC$

解答 (1) $\dfrac{-1+3ki-(2+3i)}{1+5i-(2+3i)} = \dfrac{-3+3(k-1)i}{-1+2i} = \dfrac{\{-3+3(k-1)i\}(-1-2i)}{(-1+2i)(-1-2i)}$ ◀分母を実数にする。

$$= \frac{3}{5}\{2k-1-(k-3)i\}$$

これが実数であるとき，3点は一直線上にあるから $k-3=0$ よって $\boldsymbol{k=3}$

(2) (1)より $2k-1=0$ かつ $k-3 \neq 0$ よって $\boldsymbol{k=\dfrac{1}{2}}$ ◀純虚数になればよい。

80a 標準 3点 $A(1-i)$，$B(3i)$，$C(3-ki)$ に対して，次の条件を満たす実数 k の値を求めよ。

(1) 3点が一直線上にある

80b 標準 3点 $A(-4-i)$，$B(2+2i)$，$C(k+8i)$ に対して，次の条件を満たす実数 k の値を求めよ。

(1) 3点が一直線上にある

(2) $BA \perp BC$

(2) $BA \perp BC$

例題 8 等式の表す図形

等式 $2|z-i|=|z+2i|$ を満たす点 z の全体は，複素数平面上でどのような図形をえがくか。

【ガイド】 両辺を 2 乗して計算する。$|z|^2=z\overline{z}$ を利用して式変形する。

解答 等式の両辺を 2 乗すると　$4|z-i|^2=|z+2i|^2$

すなわち　$4(z-i)\overline{(z-i)}=(z+2i)\overline{(z+2i)}$

$4(z-i)(\overline{z}-\overline{i})=(z+2i)(\overline{z}+\overline{2i})$

$4(z-i)(\overline{z}+i)=(z+2i)(\overline{z}-2i)$

$4(z\overline{z}+zi-\overline{z}i+1)=z\overline{z}-2zi+2\overline{z}i+4$

$z\overline{z}+2zi-2\overline{z}i=0$

$(z-2i)(\overline{z}+2i)=4$　　◀ $\overline{z}+2i=\overline{z-2i}$

$|z-2i|^2=4$

よって　　$|z-2i|=2$

したがって，点 z の全体は，点 $2i$ を中心とし，半径が 2 の円をえがく。

◀ $\alpha,\ \beta$ が複素数のとき
$\overline{\alpha+\beta}=\overline{\alpha}+\overline{\beta},\ \overline{\alpha-\beta}=\overline{\alpha}-\overline{\beta}$

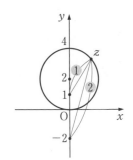

▲ $2|z-i|=|z+2i|$ より
$|z-i|:|z+2i|=1:2$

練習 8

等式 $|z+3|=2|z|$ を満たす点 z の全体は，複素数平面上でどのような図形をえがくか。

例題 9　原点以外の点のまわりの回転移動

$z_1=1-i$, $z_2=2+i$ とする。点 z_1 を点 z_2 のまわりに次の角度だけ回転した点を表す複素数を求めよ。

(1) $60°$ (2) $90°$

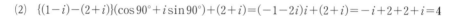

【ガイド】 複素数平面上で，点 z_1 を点 z_2 のまわりに角 θ だけ回転した点を z_3 とする。

点 z_2 を原点に移す平行移動によって，2 点 z_1, z_3 が移る点をそれぞれ $z_1{}'$, $z_3{}'$ とすると，点 $z_3{}'$ は，点 $z_1{}'$ を原点のまわりに θ だけ回転した点であるから

$$z_3{}'=z_1{}'(\cos\theta+i\sin\theta)$$

すなわち $\quad z_3-z_2=(z_1-z_2)(\cos\theta+i\sin\theta)$

よって $\quad \boldsymbol{z_3=(z_1-z_2)(\cos\theta+i\sin\theta)+z_2}$

解答 (1) $\{(1-i)-(2+i)\}(\cos 60°+i\sin 60°)+(2+i)$

$$=(-1-2i)\left(\frac{1}{2}+\frac{\sqrt{3}}{2}i\right)+(2+i)=-\frac{1}{2}-\frac{\sqrt{3}}{2}i-i+\sqrt{3}+2+i$$

$$=\left(\frac{3}{2}+\sqrt{3}\right)-\frac{\sqrt{3}}{2}i$$

(2) $\{(1-i)-(2+i)\}(\cos 90°+i\sin 90°)+(2+i)=(-1-2i)i+(2+i)=-i+2+2+i=4$

練習 9 $z_1=3+i$, $z_2=1-2i$ とする。点 z_1 を点 z_2 のまわりに次の角度だけ回転した点を表す複素数を求めよ。

(1) $30°$

(2) $180°$

例題 **10**　三角形の形状

3 点 P(z_0)，Q(z_1)，R(z_2) が等式 $\dfrac{z_2-z_0}{z_1-z_0}=i$ を満たすとき，△PQR は PQ＝PR の直角二等辺三角形であることを示せ。

【ガイド】 PQ＝PR については，$\dfrac{z_2-z_0}{z_1-z_0}=i$ の両辺の絶対値をとって，$|z_1-z_0|=|z_2-z_0|$ を示す。

∠QPR＝90° については，$\arg\dfrac{z_2-z_0}{z_1-z_0}$ を求める。

証明 $\dfrac{z_2-z_0}{z_1-z_0}=i$ より　　$\left|\dfrac{z_2-z_0}{z_1-z_0}\right|=|i|$

$|i|=1$ であるから　　$\left|\dfrac{z_2-z_0}{z_1-z_0}\right|=1$

よって　$|z_2-z_0|=|z_1-z_0|$

したがって　　PR＝PQ　　……①

また，$i=\cos 90°+i\sin 90°$ であるから　　$\arg\dfrac{z_2-z_0}{z_1-z_0}=\arg i=90°$

したがって　∠QPR＝90°　　……②

①，②より，△PQR は PQ＝PR の直角二等辺三角形である。

P(z_0)

Q(z_1)　　　　　R(z_2)

練習 10　3 点 P(z_0)，Q(z_1)，R(z_2) が等式 $\dfrac{z_2-z_0}{z_1-z_0}=\sqrt{3}\,i$ を満たすとき，△PQR は ∠P＝90°，∠Q＝60°，∠R＝30° の直角三角形であることを示せ。

1 放物線

KEY 66
放物線

放物線 $y^2=4px$ $(p \neq 0)$ の性質
① 焦点は F$(p, 0)$, 準線は直線 $x=-p$
② 軸は x 軸, 頂点は原点 O
③ x 軸に関して対称

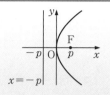

例 75 焦点$(-1, 0)$, 準線 $x=1$ の放物線の方程式を求めよ。

解答 $y^2=4 \cdot (-1)x$　　すなわち　$y^2=-4x$

81a 基本 次の放物線の方程式を求めよ。

(1) 焦点$(6, 0)$, 準線 $x=-6$

(2) 焦点$(-4, 0)$, 準線 $x=4$

81b 基本 次の放物線の方程式を求めよ。

(1) 焦点$\left(\dfrac{1}{2}, 0\right)$, 準線 $x=-\dfrac{1}{2}$

(2) 焦点$\left(-\dfrac{1}{4}, 0\right)$, 準線 $x=\dfrac{1}{4}$

例 76 放物線 $y^2=10x$ の焦点と準線を求め, その概形をかけ。

解答 $y^2=4 \cdot \dfrac{5}{2}x$ と変形できるから,

　　焦点は　点$\left(\dfrac{5}{2}, 0\right)$,　　準線は　直線 $x=-\dfrac{5}{2}$

　　よって, 概形は右の図のようになる。

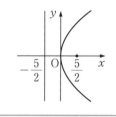

82a 基本 放物線 $y^2=-12x$ の焦点と準線を求め, その概形をかけ。

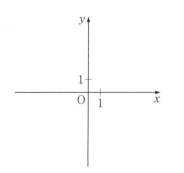

82b 基本 放物線 $y^2=6x$ の焦点と準線を求め, その概形をかけ。

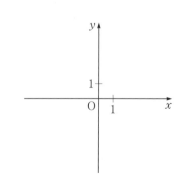

KEY 67
軸が y 軸である放物線

放物線 $x^2=4py$ $(p \ne 0)$ の性質
1 焦点は $F(0, p)$，準線は直線 $y=-p$
2 軸は y 軸，頂点は原点 O
3 y 軸に関して対称

$x^2=4py$ は，$y=\dfrac{1}{4p}x^2$ と変形できるから，

2次関数 $y=\dfrac{1}{4p}x^2$ のグラフを表す放物線であることがわかる。

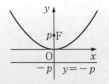

例 77 (1) 焦点 $(0, 3)$，準線 $y=-3$ の放物線の方程式を求めよ。

(2) 放物線 $x^2=16y$ の焦点と準線を求めよ。

解答 (1) $x^2=4 \cdot 3y$ すなわち $x^2=12y$

(2) $x^2=4 \cdot 4y$ と変形できるから，焦点は点 $(0, 4)$，準線は 直線 $y=-4$

83a 基本 次の放物線の方程式を求めよ。

(1) 焦点 $(0, 5)$，準線 $y=-5$

(2) 焦点 $(0, -3)$，準線 $y=3$

83b 基本 次の放物線の方程式を求めよ。

(1) 焦点 $\left(0, \dfrac{1}{2}\right)$，準線 $y=-\dfrac{1}{2}$

(2) 焦点 $\left(0, -\dfrac{3}{4}\right)$，準線 $y=\dfrac{3}{4}$

84a 基本 放物線 $x^2=8y$ の焦点と準線を求めよ。

84b 基本 放物線 $x^2=-10y$ の焦点と準線を求めよ。

考えてみよう 12 次の放物線の方程式を求めてみよう。

(1) 頂点が原点，準線が直線 $x=-2$

(2) 焦点が点 $(0, -2)$，頂点が原点

2 楕円

KEY 68

楕円

楕円 $\dfrac{x^2}{a^2}+\dfrac{y^2}{b^2}=1$ $(a>b>0)$ の性質

1. 焦点は $\mathrm{F}(\sqrt{a^2-b^2},\ 0)$, $\mathrm{F}'(-\sqrt{a^2-b^2},\ 0)$
2. 楕円上の点から2つの焦点までの距離の和は $2a$
3. 頂点は点 $(a,\ 0)$, $(-a,\ 0)$, $(0,\ b)$, $(0,\ -b)$
4. 長軸の長さは $2a$, 短軸の長さは $2b$
5. x 軸, y 軸, および原点 O に関して対称

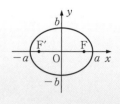

例 78 楕円 $\dfrac{x^2}{25}+\dfrac{y^2}{16}=1$ の焦点と頂点を求め, その概形をかけ。

解答 焦点は $\sqrt{25-16}=3$ より 点$(3,\ 0)$, $(-3,\ 0)$

また, 頂点は点$(5,\ 0)$, $(-5,\ 0)$, $(0,\ 4)$, $(0,\ -4)$

よって, 概形は右の図のようになる。

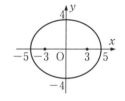

85a 基本 次の楕円の焦点と頂点を求め, その概形をかけ。

(1) $\dfrac{x^2}{36}+\dfrac{y^2}{9}=1$

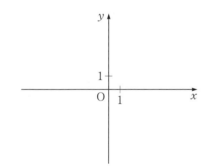

(2) $\dfrac{x^2}{5}+\dfrac{y^2}{3}=1$

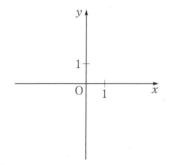

85b 基本 次の楕円の焦点と頂点を求め, その概形をかけ。

(1) $\dfrac{x^2}{16}+\dfrac{y^2}{9}=1$

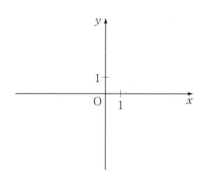

(2) $x^2+16y^2=16$

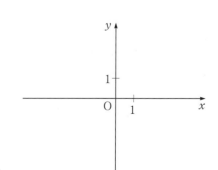

例 **79** 焦点 $(1, 0)$, $(-1, 0)$ からの距離の和が 6 である楕円の方程式を求めよ。

解答 楕円の方程式は $\dfrac{x^2}{a^2}+\dfrac{y^2}{b^2}=1$ $(a>b>0)$ とおける。

焦点からの距離の和について，$2a=6$ であるから $a=3$

焦点の座標について，$\sqrt{a^2-b^2}=1$ であるから $b^2=a^2-1^2=3^2-1=8$

したがって，求める楕円の方程式は $\dfrac{x^2}{9}+\dfrac{y^2}{8}=1$

86a 標準 焦点 $(4, 0)$, $(-4, 0)$ からの距離の和が 12 である楕円の方程式を求めよ。

86b 標準 焦点 $(3, 0)$, $(-3, 0)$ からの距離の和が 8 である楕円の方程式を求めよ。

考えてみよう **13** 焦点が $(5, 0)$, $(-5, 0)$ で，長軸の長さが 16 である楕円の方程式を求めてみよう。

KEY 69

y軸上に焦点がある楕円

楕円 $\dfrac{x^2}{a^2}+\dfrac{y^2}{b^2}=1$ $(b>a>0)$ の性質

1. 焦点は F$(0,\ \sqrt{b^2-a^2})$, F′$(0,\ -\sqrt{b^2-a^2})$
2. 楕円上の点から2つの焦点までの距離の和は $2b$
3. 頂点は点$(a,\ 0)$, $(-a,\ 0)$, $(0,\ b)$, $(0,\ -b)$
4. 長軸の長さは $2b$, 短軸の長さは $2a$
5. x軸, y軸, および原点 O に関して対称

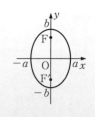

例 80 楕円 $\dfrac{x^2}{4}+\dfrac{y^2}{16}=1$ の焦点と頂点を求め, その概形をかけ。

解答 焦点は $\sqrt{16-4}=2\sqrt{3}$ より 点$(0,\ 2\sqrt{3})$, $(0,\ -2\sqrt{3})$

また, 頂点は点$(2,\ 0)$, $(-2,\ 0)$, $(0,\ 4)$, $(0,\ -4)$

よって, 概形は右の図のようになる。

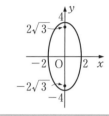

87a 基本 楕円 $\dfrac{x^2}{16}+\dfrac{y^2}{25}=1$ の焦点と頂点を求め, その概形をかけ。

87b 基本 楕円 $9x^2+y^2=9$ の焦点と頂点を求め, その概形をかけ。

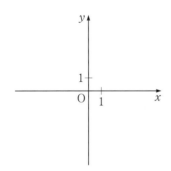

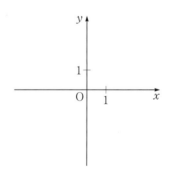

88a 標準 焦点$(0,\ 2)$, $(0,\ -2)$からの距離の和が6である楕円の方程式を求めよ。

88b 標準 焦点$(0,\ \sqrt{7})$, $(0,\ -\sqrt{7})$からの距離の和が8である楕円の方程式を求めよ。

KEY 70
円と楕円の関係

① 円上の点を Q(s, t) とおき, 点 Q が移る点を P(x, y) とおく。
② 点 Q の満たす条件を s, t の方程式で表す。
③ ②の式と, (s, t) と (x, y) との関係を表す式から, x, y の方程式を導く。

例 **81** 円 $x^2+y^2=4$ を, x 軸を基準として y 軸方向に 3 倍に拡大すると, どのような曲線になるか。

解答 円上の点を Q(s, t) とすると　$s^2+t^2=4$　……①
点 Q が移る点を P(x, y) とすると　$x=s, y=3t$

すなわち　$s=x, t=\dfrac{1}{3}y$　　　　……②

②を①に代入して　$x^2+\left(\dfrac{1}{3}y\right)^2=4$

すなわち　$\dfrac{x^2}{4}+\dfrac{y^2}{36}=1$

したがって, 求める曲線は, 楕円 $\dfrac{x^2}{4}+\dfrac{y^2}{36}=1$ である。

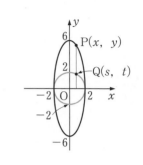

89a 標準 円 $x^2+y^2=1$ を, 次のように変形すると, どのような曲線になるか。

(1) x 軸を基準として y 軸方向に $\dfrac{1}{2}$ 倍に縮小

(2) y 軸を基準として x 軸方向に 4 倍に拡大

89b 標準 円 $x^2+y^2=8$ を, 次のように変形すると, どのような曲線になるか。

(1) x 軸を基準として y 軸方向に 2 倍に拡大

(2) y 軸を基準として x 軸方向に $\dfrac{3}{4}$ 倍に縮小

検印

3　双曲線

双曲線 $\dfrac{x^2}{a^2} - \dfrac{y^2}{b^2} = 1$ $(a > 0,\ b > 0)$ の性質

① 焦点は $\mathrm{F}(\sqrt{a^2+b^2},\ 0)$, $\mathrm{F}'(-\sqrt{a^2+b^2},\ 0)$

② 双曲線上の点から2つの焦点までの距離の差は $2a$

③ 頂点は点 $(a,\ 0)$, $(-a,\ 0)$

④ x 軸, y 軸, および原点 O に関して対称

⑤ 漸近線は　2直線 $y = \dfrac{b}{a}x$, $y = -\dfrac{b}{a}x$

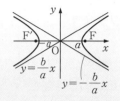

例 82 双曲線 $\dfrac{x^2}{4} - \dfrac{y^2}{9} = 1$ の焦点と頂点を求めよ。

解答　焦点は $\sqrt{4+9} = \sqrt{13}$ より　　点 $(\sqrt{13},\ 0)$, $(-\sqrt{13},\ 0)$

また, 頂点は　点 $(2,\ 0)$, $(-2,\ 0)$

90a 基本 双曲線 $\dfrac{x^2}{16} - \dfrac{y^2}{8} = 1$ の焦点と頂点を求めよ。

90b 基本 双曲線 $\dfrac{x^2}{9} - y^2 = 1$ の焦点と頂点を求めよ。

例 83 焦点 $(6,\ 0)$, $(-6,\ 0)$ からの距離の差が8である双曲線の方程式を求めよ。

解答　双曲線の方程式は $\dfrac{x^2}{a^2} - \dfrac{y^2}{b^2} = 1$ $(a > 0,\ b > 0)$ とおける。

焦点からの距離の差について, $2a = 8$ であるから　　$a = 4$

焦点の座標について, $\sqrt{a^2+b^2} = 6$ であるから　　$b^2 = 6^2 - a^2 = 36 - 4^2 = 20$

したがって, 求める双曲線の方程式は　　$\dfrac{x^2}{16} - \dfrac{y^2}{20} = 1$

91a 標準 焦点 $(5,\ 0)$, $(-5,\ 0)$ からの距離の差が8である双曲線の方程式を求めよ。

91b 標準 焦点 $(4,\ 0)$, $(-4,\ 0)$ からの距離の差が4である双曲線の方程式を求めよ。

例 84 双曲線 $\dfrac{x^2}{16} - \dfrac{y^2}{4} = 1$ の頂点と漸近線を求め，その概形をかけ。

解答 頂点は　点$(4, 0)$，$(-4, 0)$

漸近線は　2直線 $y = \dfrac{1}{2}x$，$y = -\dfrac{1}{2}x$　　◀ $\dfrac{2}{4} = \dfrac{1}{2}$

よって，概形は右の図のようになる。

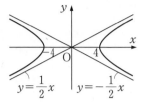

92a 基本 次の双曲線の頂点と漸近線を求め，その概形をかけ。

(1) $\dfrac{x^2}{9} - \dfrac{y^2}{16} = 1$

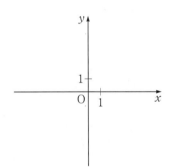

(2) $x^2 - 4y^2 = 4$

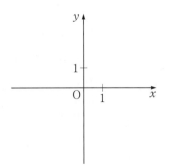

92b 基本 次の双曲線の頂点と漸近線を求め，その概形をかけ。

(1) $\dfrac{x^2}{25} - \dfrac{y^2}{9} = 1$

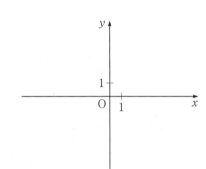

(2) $9x^2 - 4y^2 = 36$

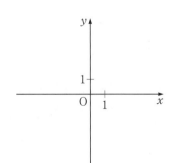

検印

KEY 72

y 軸上に焦点がある双曲線

双曲線 $\dfrac{x^2}{a^2} - \dfrac{y^2}{b^2} = -1$ ($a>0$, $b>0$) の性質

① 焦点は F$(0,\ \sqrt{a^2+b^2})$, F$'(0,\ -\sqrt{a^2+b^2})$

② 双曲線上の点から 2 つの焦点までの距離の差は $2b$

③ 頂点は点$(0,\ b)$, $(0,\ -b)$

④ x 軸, y 軸, および原点 O に関して対称

⑤ 漸近線は 2 直線 $y = \dfrac{b}{a}x$, $y = -\dfrac{b}{a}x$

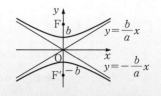

例 85 双曲線 $\dfrac{x^2}{16} - \dfrac{y^2}{9} = -1$ の焦点と頂点, 漸近線を求め, その概形をかけ。

解答 焦点は $\sqrt{16+9} = 5$ より 点$(0,\ 5)$, $(0,\ -5)$

頂点は 点$(0,\ 3)$, $(0,\ -3)$

漸近線は 2 直線 $y = \dfrac{3}{4}x$, $y = -\dfrac{3}{4}x$

よって, 概形は右の図のようになる。

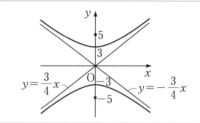

93a 基本 次の双曲線の焦点と頂点, 漸近線を求め, その概形をかけ。

(1) $\dfrac{x^2}{9} - \dfrac{y^2}{4} = -1$

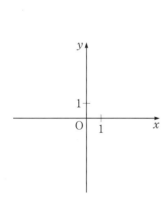

(2) $x^2 - \dfrac{y^2}{9} = -1$

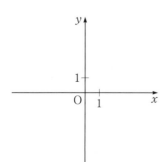

93b 基本 次の双曲線の焦点と頂点, 漸近線を求め, その概形をかけ。

(1) $\dfrac{x^2}{9} - \dfrac{y^2}{25} = -1$

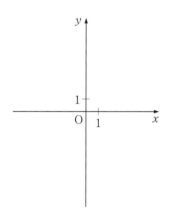

(2) $x^2 - 4y^2 = -4$

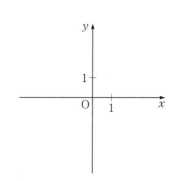

4 2次曲線の平行移動

KEY 73
曲線の平行移動

曲線 $f(x, y)=0$ を x 軸方向に p, y 軸方向に q だけ平行移動して得られる曲線の方程式は

$$f(x-p, y-q)=0$$

◀x を $x-p$, y を $y-q$ におきかえる。

例 86 楕円 $\dfrac{x^2}{25}+\dfrac{y^2}{9}=1$ を x 軸方向に 2, y 軸方向に 3 だけ平行移動して得られる楕円の方程式を求めよ。

解答 $\dfrac{(x-2)^2}{25}+\dfrac{(y-3)^2}{9}=1$

◀x を $x-2$, y を $y-3$ におきかえる。

94a 基本 次の曲線を x 軸方向に 1, y 軸方向に -2 だけ平行移動して得られる曲線の方程式を求めよ。

(1) $\dfrac{x^2}{9}+y^2=1$

(2) $\dfrac{x^2}{4}-\dfrac{y^2}{25}=1$

(3) $y^2=\dfrac{1}{2}x$

94b 基本 次の曲線を x 軸方向に -5, y 軸方向に 4 だけ平行移動して得られる曲線の方程式を求めよ。

(1) $\dfrac{x^2}{9}+\dfrac{y^2}{36}=1$

(2) $x^2-\dfrac{y^2}{3}=-1$

(3) $y^2=-5x$

① **x, y** それぞれの文字について整理する。
② $(x-p)^2$, $(y-q)^2$ の形を作る。
③ 楕円，双曲線，放物線のどの図形をどのように平行移動して得られる図形である
かを考える。

例 87 方程式 $x^2-4y^2-6x+16y-11=0$ は，どのような図形を表すか。

解答 与えられた方程式を変形すると
$$(x^2-6x)-4(y^2-4y)=11$$
$$(x^2-6x+9)-4(y^2-4y+4)=11+9-16$$
$$(x-3)^2-4(y-2)^2=4$$
$$\frac{(x-3)^2}{4}-(y-2)^2=1$$

よって，この方程式は，双曲線 $\dfrac{x^2}{4}-y^2=1$ を x 軸方向に 3，y 軸方向に 2 だけ平行移動した双曲線を
表す。

95a 標準 次の方程式は，どのような図形を表
すか。

(1) $4x^2+y^2+16x-2y+13=0$

(2) $x^2-9y^2-8x+54y-56=0$

95b 標準 次の方程式は，どのような図形を表
すか。

(1) $9x^2+4y^2-18x+16y-11=0$

(2) $y^2-8x-6y-31=0$

5 2次曲線と直線

KEY 75

2次曲線と直線の
共有点の座標

① 2つの方程式を連立させる。
② 1つの文字を消去し，2次方程式を解く。
③ 連立方程式の実数解が求める共有点の座標になる。

例 88 楕円 $4x^2+y^2=20$ と直線 $y=2x+6$ の共有点の座標を求めよ。

解答
$$\begin{cases} 4x^2+y^2=20 & \cdots\cdots① \\ y=2x+6 & \cdots\cdots② \end{cases}$$

とおく。②を①に代入して整理すると

$$x^2+3x+2=0 \qquad (x+1)(x+2)=0$$

これを解いて $x=-1$, -2

これらを②に代入して $x=-1$ のとき $y=4$

$x=-2$ のとき $y=2$

したがって，求める共有点の座標は $(-1,\ 4)$, $(-2,\ 2)$

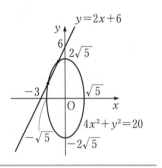

96a 基本 次の2次曲線と直線の共有点の座標を求めよ。

(1) $8x^2-y^2=4$, $y=3x+1$

(2) $y^2=9x$, $y=2x+1$

96b 基本 次の2次曲線と直線の共有点の座標を求めよ。

(1) $2x^2+y^2=18$, $y=-x+5$

(2) $y^2=12x$, $y=x+3$

y を消去して，x の2次方程式を作る。

2次方程式の判別式を D とすると

$\begin{cases} D>0 \text{ のとき，共有点2個} \\ D=0 \text{ のとき，共有点1個} \\ D<0 \text{ のとき，共有点0個} \end{cases}$

例 89 楕円 $9x^2+y^2=18$ と直線 $y=x+k$ の共有点の個数を調べよ。ただし，k は定数とする。

解答

$\begin{cases} 9x^2+y^2=18 & \cdots\cdots① \\ y=x+k & \cdots\cdots② \end{cases}$

とおく。②を①に代入して整理すると　$10x^2+2kx+k^2-18=0$　　　$\cdots\cdots③$

③の実数解が共有点の x 座標であるから，共有点の個数は③の実数解の個数に一致する。

③の判別式を D とすると　　$D=(2k)^2-4\cdot10(k^2-18)=-36(k^2-20)$

したがって，共有点の個数は，$D>0$　すなわち $-2\sqrt{5}<k<2\sqrt{5}$ のとき，**2個**

$D=0$　すなわち $k=\pm2\sqrt{5}$ のとき，**1個**

$D<0$　すなわち $k<-2\sqrt{5}$ ，$2\sqrt{5}<k$ のとき，**0個**

97a 標準　放物線 $y^2=8x$ と直線 $y=2x+k$ の共有点の個数を調べよ。ただし，k は定数とする。

97b 標準　楕円 $x^2+3y^2=6$ と直線 $y=x+k$ の共有点の個数を調べよ。ただし，k は定数とする。

例題 11 　2次曲線の方程式の決定

焦点が2点$(0, 3)$, $(0, -3)$で，長軸と短軸の長さの差が2の楕円の方程式を求めよ。

【ガイド】 焦点がx軸上かy軸上かに注意して，求める楕円の方程式がどの形で表されるか判断する。

解答 焦点はy軸上にあり，中心は原点であるから，求める楕円の方程式は$\dfrac{x^2}{a^2}+\dfrac{y^2}{b^2}=1$ $(b>a>0)$とおける。

焦点の座標について，$\sqrt{b^2-a^2}=3$であるから　$b^2-a^2=9$　……①

また，長軸の長さは$2b$，短軸の長さは$2a$であるから，条件より　$2b-2a=2$

よって　　$b=a+1$　……②

②を①に代入して　$(a+1)^2-a^2=9$　　　　これを解いて　$a=4$　　　②より　$b=5$

したがって，求める楕円の方程式は　$\dfrac{x^2}{4^2}+\dfrac{y^2}{5^2}=1$　　　すなわち　$\dfrac{x^2}{16}+\dfrac{y^2}{25}=1$

練習 11

次の条件を満たす2次曲線の方程式を求めよ。

(1) 頂点が原点で，焦点がx軸上にあり，準線が点$(3, -2)$を通る放物線

(2) 中心が原点で，焦点がx軸上にあり，焦点からの距離の和が8で，点$(-2, \sqrt{3})$を通る楕円

(3) 焦点が2点$(0, \sqrt{10})$, $(0, -\sqrt{10})$で，2直線$y=3x$, $y=-3x$を漸近線とする双曲線

点 A$(-2, 0)$から放物線 $y^2=8x$ に引いた接線の方程式を求めよ。

【ガイド】 接線と放物線の方程式から y を消去して得られる 2 次方程式の判別式の値は 0 である。

解　答　点 A から y 軸に平行な接線は引けないから，求める接線の傾きを

m とすれば接線の方程式は

$$y=m(x+2)$$

とおける。これを放物線の方程式に代入して整理すると

$$m^2x^2+4(m^2-2)x+4m^2=0$$

この 2 次方程式の判別式を D とすると

$$D=\{4(m^2-2)\}^2-4m^2\cdot 4m^2=-64(m^2-1)$$

直線と放物線が接するのは $D=0$ のときであるから　$m^2-1=0$

これを解いて　$m=\pm 1$

したがって，求める接線の方程式は　$\boldsymbol{y=x+2}$，　$\boldsymbol{y=-x-2}$

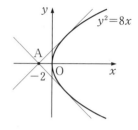

練 習
12　次の接線の方程式を求めよ。

(1)　楕円 $x^2+\dfrac{y^2}{4}=1$ の，傾き 2 の接線

(2)　点 A$(0, 2)$ から双曲線 $x^2-y^2=1$ に引いた接線

例題 **13** 弦の中点の座標

楕円 $\dfrac{x^2}{4}+y^2=1$ と直線 $y=2x+2$ の共有点を P, Q とする。線分 PQ の中点Mの座標を求めよ。

【ガイド】 楕円と直線の方程式から y を消去して得られる2次方程式の解は，2点P, Q の x 座標になる。
解と係数の関係を利用して，M の x 座標を求める。

解答　$\dfrac{x^2}{4}+y^2=1$　……①　　　$y=2x+2$　　　……②

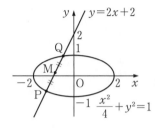

とおく。②を①に代入して整理すると

$$17x^2+32x+12=0 \qquad ……③$$

点P, Q の x 座標をそれぞれ α, β とし，点Mの座標を $(x,\ y)$
とすると，M は線分PQ の中点であるから

$$x=\dfrac{\alpha+\beta}{2}$$

ここで，α, β は2次方程式③の実数解であるから，解と係数
の関係により　　$\alpha+\beta=-\dfrac{32}{17}$

◀③を解いて α, β を求めると計算が大変である。

よって　$x=\dfrac{\alpha+\beta}{2}=\dfrac{-\dfrac{32}{17}}{2}=-\dfrac{16}{17}$　　　これを②に代入して　$y=2\cdot\left(-\dfrac{16}{17}\right)+2=\dfrac{2}{17}$

したがって，点Mの座標は $\left(-\dfrac{16}{17},\ \dfrac{2}{17}\right)$

練習 13　楕円 $3x^2+y^2=9$ と直線 $y=x-2$ の共有点を P, Q とする。線分 PQ の中点Mの座標を求めよ。

4章 式と曲線

検印

1 媒介変数表示

曲線上の点 $P(x, y)$ の座標が変数 t の関数として
$$x = f(t), \qquad y = g(t)$$
の形に表されるとき，t を媒介変数といい，このような表し方を曲線の媒介変数表示と
いう。
媒介変数 t を消去すると，x, y の方程式が得られる。

例 90 媒介変数表示された曲線 $x = t + 3$, $y = t^2 + 6t$ を，x, y の方程式で表せ。

解答 $t = x - 3$ として y の式に代入すると $y = (x-3)^2 + 6(x-3)$
すなわち $y = x^2 - 9$

98a 基本 次の媒介変数表示された曲線を，$x,$ y の方程式で表せ。

(1) $x = t + 2$, $y = 2t + 3$

(2) $x = t - 4$, $y = t^2 - 3t$

98b 基本 次の媒介変数表示された曲線を，$x,$ y の方程式で表せ。

(1) $x = 3t$, $y = 1 - 4t$

(2) $x = 8t^2$, $y = 2t$

例 91 放物線 $y = x^2 + 2tx - t^2 + 3t - 1$ の頂点は，t がすべての実数値をとって変わるとき，どのような曲線をえがくか。

解答 $y = x^2 + 2tx - t^2 + 3t - 1 = (x + t)^2 - 2t^2 + 3t - 1$
頂点の座標を (x, y) とすると $x = -t$, $y = -2t^2 + 3t - 1$
$t = -x$ として y の式に代入すると $y = -2(-x)^2 + 3(-x) - 1$
すなわち $y = -2x^2 - 3x - 1$
よって，頂点は放物線 $y = -2x^2 - 3x - 1$ をえがく。

99a 標準 放物線 $y = x^2 - 2tx + t^2 - t + 3$ の頂点は，t がすべての実数値をとって変わるとき，どのような曲線をえがくか。

99b 標準 放物線 $y = -x^2 + 4tx + 6t - 1$ の頂点は，t がすべての実数値をとって変わるとき，どのような曲線をえがくか。

KEY 78
円の媒介変数表示

円 $x^2 + y^2 = r^2$ の媒介変数表示は
$$x = r\cos\theta, \quad y = r\sin\theta$$

例 **92** θ を媒介変数として，円 $x^2 + y^2 = 3$ の媒介変数表示を求めよ。

解答 $x^2 + y^2 = (\sqrt{3})^2$ であるから $x = \sqrt{3}\cos\theta, \ y = \sqrt{3}\sin\theta$

100a 基本 θ を媒介変数として，次の円の媒介変数表示を求めよ。

(1) $x^2 + y^2 = 16$

(2) $x^2 + y^2 = 10$

100b 基本 θ を媒介変数として，次の円の媒介変数表示を求めよ。

(1) $x^2 + y^2 = 1$

(2) $x^2 + y^2 = 8$

楕円 $\dfrac{x^2}{a^2} + \dfrac{y^2}{b^2} = 1$ の媒介変数表示は

$$x = a\cos\theta, \qquad y = b\sin\theta$$

例 93 θ を媒介変数として，楕円 $\dfrac{x^2}{9} + \dfrac{y^2}{25} = 1$ の媒介変数表示を求めよ。

解答 $\dfrac{x^2}{3^2} + \dfrac{y^2}{5^2} = 1$ であるから $\quad x = 3\cos\theta, \ y = 5\sin\theta$

101a 基本 θ を媒介変数として，

楕円 $\dfrac{x^2}{4} + \dfrac{y^2}{16} = 1$ の媒介変数表示を求めよ。

101b 基本 θ を媒介変数として，

楕円 $\dfrac{x^2}{5} + y^2 = 1$ の媒介変数表示を求めよ。

例 94 次の媒介変数表示は，どのような曲線を表すか。

$$x = 4\cos\theta + 1, \ y = 3\sin\theta - 2$$

解答 $x = 4\cos\theta + 1$ から $\quad \cos\theta = \dfrac{x-1}{4} \qquad y = 3\sin\theta - 2$ から $\quad \sin\theta = \dfrac{y+2}{3}$

これらを $\sin^2\theta + \cos^2\theta = 1$ に代入すると

$\left(\dfrac{y+2}{3}\right)^2 + \left(\dfrac{x-1}{4}\right)^2 = 1 \qquad$ すなわち $\quad \dfrac{(x-1)^2}{16} + \dfrac{(y+2)^2}{9} = 1$

したがって，楕円 $\dfrac{x^2}{16} + \dfrac{y^2}{9} = 1$ を x 軸方向に 1，y 軸方向に -2 だけ平行移動した楕円を表す。

102a 標準 次の媒介変数表示は，どのような曲線を表すか。

$$x = 3\cos\theta - 4, \ y = \sin\theta + 2$$

102b 標準 次の媒介変数表示は，どのような曲線を表すか。

$$x = 2\cos\theta + 3, \ y = 5\sin\theta - 1$$

検
印

2 極座標

KEY 80
極座標

平面上の点Pの位置は，右の図のように半直線 OX を定めると，線分 OP の長さ r と OX から OP へ測った角 θ の大きさによって決まる。このとき，実数の組 (r, θ) を点 P の極座標といい，θ を点Pの偏角という。極座標が (r, θ) である点Pを $\mathrm{P}(r, \theta)$ と表す。また，点Oを極，半直線 OX を始線という。

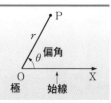

例 95 右の図の正方形 ABCD において，点Oを極，半直線 OX を始線とし，偏角 θ を $0 \leq \theta < 2\pi$ とするとき，次の点の極座標を求めよ。

(1) A 　　　　　　(2) BC の中点M

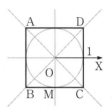

解答 (1) 線分 OA の長さは $\sqrt{2}$，偏角は $\dfrac{3}{4}\pi$ であるから $\mathrm{A}\left(\sqrt{2}, \dfrac{3}{4}\pi\right)$

(2) 線分 OM の長さは 1，偏角は $\dfrac{3}{2}\pi$ であるから $\mathrm{M}\left(1, \dfrac{3}{2}\pi\right)$

103a 基本 次の極座標で表される点を下の図にかき入れよ。

$$\mathrm{A}\left(3, \dfrac{\pi}{3}\right),\ \mathrm{B}\left(1, \dfrac{3}{2}\pi\right),\ \mathrm{C}(2, \pi)$$

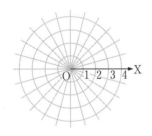

103b 基本 次の極座標で表される点を下の図にかき入れよ。

$$\mathrm{A}(1, 0),\ \mathrm{B}\left(3, \dfrac{11}{6}\pi\right),\ \mathrm{C}\left(2, -\dfrac{3}{4}\pi\right)$$

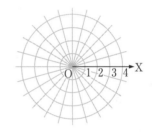

104a 基本 次の図において，点Oを極，半直線 OX を始線とし，偏角 θ を $0 \leq \theta < 2\pi$ とするとき，次の点の極座標を求めよ。

(1) A

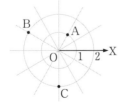

(2) B

(3) C

104b 基本 次の図の直角二等辺三角形 OAB において，点Oを極，半直線 OX を始線とし，偏角 θ を $0 \leq \theta < 2\pi$ とするとき，次の点の極座標を求めよ。

(1) A

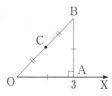

(2) B

(3) 線分 OB の中点 C

点Pの直交座標(x, y)と極座標(r, θ)との間には，次の関係が成り立つ。

①　$x = r\cos\theta,\ y = r\sin\theta$

②　$r = \sqrt{x^2 + y^2},\ \cos\theta = \dfrac{x}{r},\ \sin\theta = \dfrac{y}{r}$

例 96 極座標が$\left(2,\ \dfrac{\pi}{6}\right)$である点の直交座標を求めよ。

解答　求める直交座標を(x, y)とする。

$x = 2\cos\dfrac{\pi}{6} = 2 \cdot \dfrac{\sqrt{3}}{2} = \sqrt{3},\ y = 2\sin\dfrac{\pi}{6} = 2 \cdot \dfrac{1}{2} = 1$

よって　$(\sqrt{3},\ 1)$

105a 基本 極座標が次のような点の直交座標を求めよ。

(1) $\left(1,\ \dfrac{\pi}{3}\right)$

(2) $\left(\sqrt{2},\ \dfrac{3}{4}\pi\right)$

(3) $\left(4,\ \dfrac{\pi}{2}\right)$

(4) $(5,\ 3\pi)$

105b 基本 極座標が次のような点の直交座標を求めよ。

(1) $\left(2,\ \dfrac{2}{3}\pi\right)$

(2) $\left(2,\ \dfrac{7}{6}\pi\right)$

(3) $(3,\ 0)$

(4) $\left(1,\ -\dfrac{3}{4}\pi\right)$

直交座標が$(1, -\sqrt{3})$である点Pの極座標(r, θ)を求めよ。ただし，$0 \leqq \theta < 2\pi$ とする。

解答 $r = \sqrt{1^2 + (-\sqrt{3})^2} = 2$

また $\cos\theta = \dfrac{1}{2}$, $\sin\theta = -\dfrac{\sqrt{3}}{2}$

$0 \leqq \theta < 2\pi$ の範囲で考えると $\theta = \dfrac{5}{3}\pi$ よって $\left(2, \dfrac{5}{3}\pi\right)$

106a 基本 直交座標が次のような点の極座標(r, θ)を求めよ。ただし，$0 \leqq \theta < 2\pi$ とする。

(1) $(2, -2)$

(2) $(-\sqrt{3}, 1)$

(3) $(5, 0)$

106b 基本 直交座標が次のような点の極座標(r, θ)を求めよ。ただし，$0 \leqq \theta < 2\pi$ とする。

(1) $(0, 4)$

(2) $(\sqrt{2}, \sqrt{6})$

(3) $(-3, -3)$

考えてみよう 14 例**97**において，偏角 θ を $-\pi \leqq \theta < \pi$ とすると，極座標はどのように表されるか考えてみよう。

3 極方程式

KEY 82 円上の任意の点を P(r, θ)とし，図から r と θ の関係式を求める。

円の極方程式

例 98 点 C(5, 0)を中心とし，半径が 5 の円の極方程式を求めよ。

解答 この円上の任意の点を P(r, θ)とする。
右の図において，直径 OQ は10で，△OPQ は直角三角形であるから，
求める円の極方程式は
$$r = 10\cos\theta$$

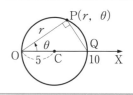

107a 基本 次の円の極方程式を求めよ。

(1) 極Oを中心とし，半径が 5 の円

107b 基本 次の円の極方程式を求めよ。

(1) 極Oを中心とし，半径が $\sqrt{2}$ の円

(2) 点 C(6, 0)を中心とし，半径が 6 の円

(2) 点 C$\left(\dfrac{3}{2},\ 0\right)$を中心とし，半径が $\dfrac{3}{2}$ の円

検
印

KEY 83 直線上の任意の点を P(r, θ)とし，図から r と θ の関係式を求める。

直線の極方程式

例 99 点 A$\left(3,\ \dfrac{2}{3}\pi\right)$ を通り，OA に垂直な直線の極方程式を求めよ。

解答 この直線上の任意の点を P(r, θ)とすると，
OP cos∠POA＝OA であるから，求める直線の極方程式は
$$r\cos\left(\theta - \dfrac{2}{3}\pi\right) = 3$$

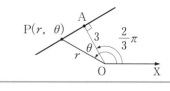

108a 基本 点 A$\left(5,\ \dfrac{\pi}{6}\right)$とするとき，次の直線の極方程式を求めよ。

(1) 直線 OA

108b 基本 点 A$\left(1,\ \dfrac{5}{6}\pi\right)$とするとき，次の直線の極方程式を求めよ。

(1) 直線 OA

(2) 点Aを通り，OA に垂直な直線

(2) 点Aを通り，OA に垂直な直線

検
印

直交座標の方程式を極方程式で表す

例 100 次の直交座標の方程式を，極方程式で表せ。

(1) $x=-2$ (2) $x^2+y^2=9$

解答 この曲線上の任意の点 $P(x,\ y)$ の極座標を $(r,\ \theta)$ とすると $x=r\cos\theta$，$y=r\sin\theta$

(1) $x=r\cos\theta$ を $x=-2$ に代入して $\quad r\cos\theta=-2$

(2) $x=r\cos\theta$，$y=r\sin\theta$ を $x^2+y^2=9$ に代入すると

$$r^2\cos^2\theta+r^2\sin^2\theta=9 \quad r^2(\cos^2\theta+\sin^2\theta)=9 \quad r^2=9$$

$r\geqq0$ より $\quad r=3$

109a 標準 次の直交座標の方程式を，極方程式で表せ。

(1) $y=5$

(2) $\dfrac{x^2}{4}+y^2=1$

109b 標準 次の直交座標の方程式を，極方程式で表せ。

(1) $y=-\dfrac{2}{x}$

(2) $x^2-y^2=9$

KEY 85

極方程式に，$x=r\cos\theta$，$y=r\sin\theta$，$r^2=x^2+y^2$ を用いて，直交座標の方程式に直す。

極方程式を直交座標の方程式で表す

例 101 極方程式 $r=6\sin\theta$ を，直交座標の方程式で表せ。

解答 この曲線上の任意の点 $\mathrm{P}(r,\ \theta)$ の直交座標を $(x,\ y)$ とする。

極方程式 $r=6\sin\theta$ の両辺に r を掛けると　　$r^2=6r\sin\theta$　　……①

直交座標と極座標の関係により　　　$y=r\sin\theta$，$r^2=x^2+y^2$

これらを①に代入して　$x^2+y^2=6y$　　　　よって　$x^2+(y-3)^2=9$

110a 標準 次の極方程式を，直交座標の方程式で表せ。

(1) $r(\sin\theta+2\cos\theta)=1$

(2) $\sin\theta=5\cos\theta$

110b 標準 次の極方程式を，直交座標の方程式で表せ。

(1) $r^2\sin2\theta=8$

(2) $r=6\sin\theta-4\cos\theta$

検
印

例題 14 放物線の極方程式

極座標が$(3, 0)$である点を通り，始線 OX に垂直な直線を ℓ とする。極Oを焦点とし，直線 ℓ を準線とする放物線の極方程式を求めよ。

【ガイド】 放物線は，焦点からの距離と，準線からの距離が等しい点の軌跡である。

解答 放物線上の任意の点 P(r, θ)から準線 ℓ に垂線 PH を引くと，

放物線の定義から　OP＝PH

ここで，OP$=r$，PH$=3-r\cos\theta$ であるから

$r=3-r\cos\theta$　　　$r(1+\cos\theta)=3$

よって，求める極方程式は　$r=\dfrac{3}{1+\cos\theta}$

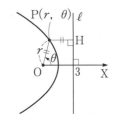

練習 14 極座標が$(5, 0)$である点を通り，始線 OX に垂直な直線を ℓ とする。極Oを焦点とし，直線 ℓ を準線とする放物線の極方程式を求めよ。

考えてみよう 15 例題14で求めた極方程式 $r=\dfrac{3}{1+\cos\theta}$ を，直交座標の方程式で表してみよう。

次の媒介変数表示された曲線を図示せよ。

$$x = 2\cos\theta,\ y = -4\sin^2\theta$$

【ガイド】 $\sin^2\theta + \cos^2\theta = 1$ を利用して，y を x の式で表す。x のとり得る値の範囲に注意する。

解 答 $x = 2\cos\theta$ より　$\cos\theta = \dfrac{x}{2}$ 　　　　　　　　……①

$y = -4\sin^2\theta = -4(1 - \cos^2\theta)$ 　　　　　……②

①を②に代入すると　$y = -4\left\{1 - \left(\dfrac{x}{2}\right)^2\right\} = -4\left(1 - \dfrac{x^2}{4}\right) = x^2 - 4$

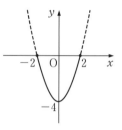

また，$-1 \leqq \cos\theta \leqq 1$ より　$-1 \leqq \dfrac{x}{2} \leqq 1$ 　　　　よって　$-2 \leqq x \leqq 2$

したがって，与えられた媒介変数表示が表す曲線は，

$$y = x^2 - 4\ (-2 \leqq x \leqq 2)$$

であり，右の図の実線部分である。

練 習 15　次の媒介変数表示された曲線を図示せよ。

(1)　$x = 2\sin\theta + \cos\theta,\ y = \sin\theta - 2\cos\theta$

(2)　$x = t + \dfrac{1}{t},\ y = t^2 + \dfrac{1}{t^2}\ (t > 0)$

例題 16　2点間の距離と三角形の面積

極座標で表された 2 点 $A\left(3, \dfrac{\pi}{3}\right)$, $B\left(4, \dfrac{2}{3}\pi\right)$ および極Oについて，次の問いに答えよ。

(1)　線分 AB の長さを求めよ。　　　　　(2)　$\triangle OAB$ の面積 S を求めよ。

【ガイド】　(1)　$\triangle OAB$ に余弦定理を適用する。

(2)　面積の公式　$S=\dfrac{1}{2}OA\cdot OB\sin\angle AOB$　を利用する。

解 答　(1)　$\triangle OAB$ において，$OA=3$, $OB=4$, $\angle AOB=\dfrac{2}{3}\pi-\dfrac{\pi}{3}=\dfrac{\pi}{3}$

であるから，余弦定理により

$$AB^2=OA^2+OB^2-2OA\cdot OB\cos\angle AOB$$

$$=3^2+4^2-2\cdot3\cdot4\cos\dfrac{\pi}{3}=13$$

よって　$AB=\sqrt{13}$

(2)　$S=\dfrac{1}{2}OA\cdot OB\sin\angle AOB=\dfrac{1}{2}\cdot3\cdot4\sin\dfrac{\pi}{3}=3\sqrt{3}$

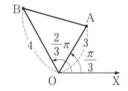

4章
式と曲線

練 習 16　2点 A, B の極座標が次のように与えられているとき，線分 AB の長さと $\triangle OAB$ の面積 S を求めよ。

(1)　$A\left(4, \dfrac{\pi}{6}\right)$, $B\left(1, \dfrac{5}{6}\pi\right)$

(2)　$A\left(2, \dfrac{\pi}{12}\right)$, $B\left(3, -\dfrac{\pi}{4}\right)$

解　答

━━━━━━ 1章　平面上のベクトル ━━━━━━

1 節‖ベクトルとその演算

1a $\overrightarrow{BO}$, $\overrightarrow{OE}$, $\overrightarrow{CD}$

1b $\overrightarrow{BC}$, $\overrightarrow{OD}$, $\overrightarrow{FE}$

2a ①と⑧, ②と⑥, ④と⑦

2b ①と⑤, ③と④, ⑥と⑧

3a (1)

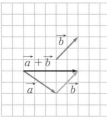

(2)

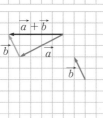

(3)

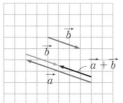

3b (1)

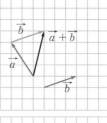

(2)

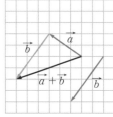

(3)

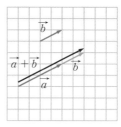

4a $\overrightarrow{AC}+\overrightarrow{CB}=\overrightarrow{AB}=-\overrightarrow{BA}$

4b $\overrightarrow{AD}+\overrightarrow{CB}=\overrightarrow{AD}+\overrightarrow{DA}=\overrightarrow{AA}=\vec{0}$

5a (1)

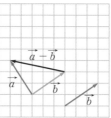

(2)

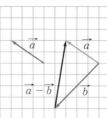

(3)

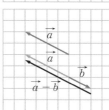

5b (1)

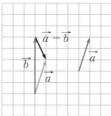

(2)

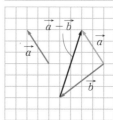

(3)

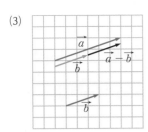

6a $\vec{a}=\dfrac{1}{2}\vec{b}$, $\vec{c}=-\dfrac{3}{4}\vec{b}$, $\vec{d}=\dfrac{1}{4}\vec{b}$

6b $\vec{a}=-\dfrac{2}{3}\vec{c}$, $\vec{b}=-\dfrac{4}{3}\vec{c}$, $\vec{d}=-\dfrac{1}{3}\vec{c}$

7a

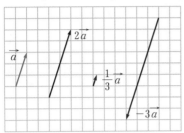

7b

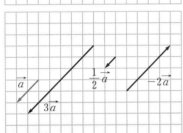

考えてみよう　1

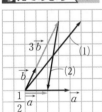

8a (1) $5\vec{a}$　　　　(2) $6\vec{a}+2\vec{b}$

　　(3) $-2\vec{a}-9\vec{b}$　(4) $\dfrac{4}{3}\vec{a}-\dfrac{7}{6}\vec{b}$

8b (1) $6\vec{a}$　　　　(2) $-2\vec{a}+4\vec{b}$

　　(3) $-3\vec{a}+\vec{b}$　(4) $\dfrac{1}{6}\vec{a}+\dfrac{17}{6}\vec{b}$

考えてみよう　2
$\vec{x}=-2\vec{a}+\vec{b}$

9a $2(\vec{b}-\vec{a})$

9b $2\vec{a}-\vec{b}$

10a (1) $x=3,\ y=-3$　(2) $x=1,\ y=-2$

10b (1) $x=4,\ y=\dfrac{5}{2}$　(2) $x=1,\ y=-2$

11a $x=-7,\ y=-1$

11b $x=1,\ y=3$

12a $\vec{b}=(-2,\ 1),\ |\vec{b}|=\sqrt{5}$
　　　$\vec{c}=(3,\ 0),\ |\vec{c}|=3$

12b $\vec{d}=(0,\ 2),\ |\vec{d}|=2$
　　　$\vec{e}=(1,\ 1),\ |\vec{e}|=\sqrt{2}$

13a (1) $(9,\ -3)$　　(2) $(0,\ 5)$
　　(3) $(7,\ 1)$　　(4) $(24,\ -3)$

13b (1) $\left(\dfrac{3}{2},\ -1\right)$　(2) $(27,\ -11)$
　　(3) $(7,\ 0)$　　(4) $(-28,\ 14)$

考えてみよう　3
$(-2,\ 2)$

14a (1) $\vec{p}=3\vec{a}+2\vec{b}$　(2) $\vec{p}=2\vec{a}-3\vec{b}$

14b (1) $\vec{p}=3\vec{a}-2\vec{b}$　(2) $\vec{p}=-3\vec{a}+\vec{b}$

15a (1) $\overrightarrow{\mathrm{AB}}=(1,\ 2),\ |\overrightarrow{\mathrm{AB}}|=\sqrt{5}$
　　(2) $\overrightarrow{\mathrm{AB}}=(-1,\ 4),\ |\overrightarrow{\mathrm{AB}}|=\sqrt{17}$

15b (1) $\overrightarrow{\mathrm{AB}}=(5,\ -12),\ |\overrightarrow{\mathrm{AB}}|=13$
　　(2) $\overrightarrow{\mathrm{AB}}=(1,\ -3),\ |\overrightarrow{\mathrm{AB}}|=\sqrt{10}$

16a $x=-3,\ y=9$

16b $x=1,\ y=1$

17a (1) $x=-4$　　(2) $x=\pm3$

17b (1) $x=-\dfrac{3}{2}$　(2) $x=-2,\ -\dfrac{1}{2}$

18a $(3,\ 3\sqrt{3}),\ (-3,\ -3\sqrt{3})$

18b $\left(-\dfrac{5}{13},\ \dfrac{12}{13}\right),\ \left(\dfrac{5}{13},\ -\dfrac{12}{13}\right)$

考えてみよう　4
$\vec{a}$ と同じ向きの単位ベクトルは
$$\left(\dfrac{\sqrt{5}}{5},\ -\dfrac{2\sqrt{5}}{5}\right)$$
$\vec{a}$ と向きが反対の単位ベクトルは
$$\left(-\dfrac{\sqrt{5}}{5},\ \dfrac{2\sqrt{5}}{5}\right)$$

19a (1) $\vec{a}\cdot\vec{b}=6\sqrt{3}$　(2) $\vec{a}\cdot\vec{b}=-2$
　　(3) $\vec{a}\cdot\vec{b}=2$

19b (1) $\vec{a}\cdot\vec{b}=\sqrt{2}$　(2) $\vec{a}\cdot\vec{b}=-3$
　　(3) $\vec{a}\cdot\vec{b}=-\dfrac{\sqrt{2}}{2}$

20a (1) $\vec{a}\cdot\vec{b}=-1$　(2) $\vec{a}\cdot\vec{b}=-1$
　　(3) $\vec{a}\cdot\vec{b}=0$　(4) $\vec{a}\cdot\vec{b}=-2$
　　(5) $\vec{a}\cdot\vec{b}=-2$

20b (1) $\vec{a}\cdot\vec{b}=5$　(2) $\vec{a}\cdot\vec{b}=-7$
　　(3) $\vec{a}\cdot\vec{b}=-5$　(4) $\vec{a}\cdot\vec{b}=2$
　　(5) $\vec{a}\cdot\vec{b}=0$

21a (1) $\theta=60°$　(2) $\theta=45°$　(3) $\theta=120°$

21b (1) $\theta=30°$　(2) $\theta=135°$　(3) $\theta=60°$

22a (1) $x=2$　　(2) $x=1$
　　(3) $x=-1,\ -6$

22b (1) $x=-2$　　(2) $x=1$
　　(3) $x=-2,\ 4$

23a $(-\sqrt{3},\ 1),\ (\sqrt{3},\ -1)$

23b $\left(\dfrac{4}{5},\ \dfrac{3}{5}\right),\ \left(-\dfrac{4}{5},\ -\dfrac{3}{5}\right)$

24a $(\vec{a}-\vec{b})\cdot(\vec{a}+2\vec{b})$
$=\vec{a}\cdot(\vec{a}+2\vec{b})-\vec{b}\cdot(\vec{a}+2\vec{b})$
$=\vec{a}\cdot\vec{a}+2\vec{a}\cdot\vec{b}-\vec{b}\cdot\vec{a}-2\vec{b}\cdot\vec{b}$
$=|\vec{a}|^2+\vec{a}\cdot\vec{b}-2|\vec{b}|^2$

24b $|2\vec{a}-\vec{b}|^2$
$=(2\vec{a}-\vec{b})\cdot(2\vec{a}-\vec{b})$
$=2\vec{a}\cdot(2\vec{a}-\vec{b})-\vec{b}\cdot(2\vec{a}-\vec{b})$
$=2\vec{a}\cdot2\vec{a}-2\vec{a}\cdot\vec{b}-2\vec{b}\cdot\vec{a}+\vec{b}\cdot\vec{b}$
$=4|\vec{a}|^2-4\vec{a}\cdot\vec{b}+|\vec{b}|^2$

25a 7

25b 5

考えてみよう 5

$2\sqrt{7}$

26a $\theta=120°$

26b $\theta=60°$

練習1 (1) $\dfrac{9}{2}$　　(2) $\dfrac{33}{2}$

練習2 (1) $t=1$ のとき，最小値 $\sqrt{3}$

　　　(2) $t=\dfrac{1}{5}$ のとき，最小値 $\dfrac{7\sqrt{5}}{5}$

2 節‖ 平面図形とベクトル

27a (1) $\vec{c}=\dfrac{4\vec{a}+3\vec{b}}{7}$

　　(2) $\vec{d}=\dfrac{\vec{a}+\vec{b}}{2}$

27b (1) $\vec{c}=\dfrac{\vec{a}+3\vec{b}}{4}$

　　(2) $\vec{d}=(1-s)\vec{a}+s\vec{b}$

28a (1) $\vec{c}=\dfrac{-\vec{a}+3\vec{b}}{2}$　(2) $\vec{d}=\dfrac{7\vec{a}-3\vec{b}}{4}$

28b (1) $\vec{c}=\dfrac{-4\vec{a}+7\vec{b}}{3}$　(2) $\vec{d}=5\vec{a}-4\vec{b}$

29a $\vec{g}=\dfrac{\vec{a}+\vec{b}+\vec{c}}{3}$

29b $\vec{g}=\dfrac{\vec{a}+\vec{b}+\vec{c}}{3}$

考えてみよう 6

$\overrightarrow{AG}+\overrightarrow{BG}+\overrightarrow{CG}=(\vec{g}-\vec{a})+(\vec{g}-\vec{b})+(\vec{g}-\vec{c})$
$=3\vec{g}-(\vec{a}+\vec{b}+\vec{c})$
$=3\times\dfrac{\vec{a}+\vec{b}+\vec{c}}{3}-(\vec{a}+\vec{b}+\vec{c})$
$=\vec{0}$

30a (1) $\overrightarrow{AE}=\dfrac{4\vec{a}+3\vec{b}}{4}$, $\overrightarrow{AF}=\dfrac{4\vec{a}+3\vec{b}}{3}$

　　(2) (1)から $\overrightarrow{AF}=\dfrac{4}{3}\overrightarrow{AE}$

　　　よって，3点 A，E，F は一直線上にある。

30b (1) $\overrightarrow{BE}=\dfrac{-7\vec{a}+2\vec{b}}{7}$, $\overrightarrow{BF}=\dfrac{-7\vec{a}+2\vec{b}}{9}$

(2) (1)から $\overrightarrow{BF}=\dfrac{7}{9}\overrightarrow{BE}$

　　よって，3点 B，E，F は一直線上にある。

31a $\overrightarrow{OP}=\dfrac{3}{8}\vec{a}+\dfrac{1}{4}\vec{b}$

31b $\overrightarrow{OP}=\dfrac{1}{2}\vec{a}+\dfrac{1}{2}\vec{b}$

32a (1) $\overrightarrow{AC}=\vec{b}+\vec{d}$, $\overrightarrow{BD}=\vec{d}-\vec{b}$

(2) (1)から
$$\overrightarrow{AC}\cdot\overrightarrow{BD}=(\vec{b}+\vec{d})\cdot(\vec{d}-\vec{b})$$
$$=|\vec{d}|^2-|\vec{b}|^2$$
AD=AB であるから
$$|\vec{d}|=|\vec{b}|$$
よって $\overrightarrow{AC}\cdot\overrightarrow{BD}=0$
$\overrightarrow{AC}\neq\vec{0}$, $\overrightarrow{BD}\neq\vec{0}$ であるから　AC⊥BD

32b $\overrightarrow{AB}=\vec{b}$, $\overrightarrow{AC}=\vec{c}$ とする。

点Pは辺BCを3:2に内分するから
$$\overrightarrow{AP}=\dfrac{2\overrightarrow{AB}+3\overrightarrow{AC}}{3+2}=\dfrac{2\vec{b}+3\vec{c}}{5}$$
また $\overrightarrow{BQ}=\overrightarrow{AQ}-\overrightarrow{AB}=\dfrac{2}{3}\overrightarrow{AC}-\overrightarrow{AB}$
$$=\dfrac{2\vec{c}-3\vec{b}}{3}$$
よって $\overrightarrow{AP}\cdot\overrightarrow{BQ}=\dfrac{2\vec{b}+3\vec{c}}{5}\cdot\dfrac{2\vec{c}-3\vec{b}}{3}$
$$=\dfrac{6|\vec{c}|^2-5\vec{b}\cdot\vec{c}-6|\vec{b}|^2}{15}$$

ここで，∠A=90° であるから $\vec{b}\cdot\vec{c}=0$
さらに，AB=AC であるから $|\vec{b}|=|\vec{c}|$
したがって $\overrightarrow{AP}\cdot\overrightarrow{BQ}=0$
$\overrightarrow{AP}\neq\vec{0}$, $\overrightarrow{BQ}\neq\vec{0}$ であるから　AP⊥BQ

33a (1)

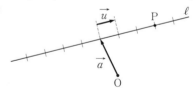

(2)

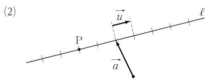

33b (1)

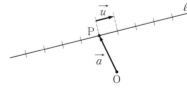

(2)

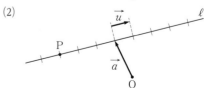

34a (1) 媒介変数表示は $\begin{cases} x=1+2t \\ y=-3+3t \end{cases}$

　　　直線の方程式は　$y=\dfrac{3}{2}x-\dfrac{9}{2}$

　　(2) 媒介変数表示は $\begin{cases} x=2-2t \\ y=-1+t \end{cases}$

　　　直線の方程式は　$y=-\dfrac{1}{2}x$

34b (1) 媒介変数表示は $\begin{cases} x=2+4t \\ y=3-t \end{cases}$

　　　直線の方程式は　$y=-\dfrac{1}{4}x+\dfrac{7}{2}$

　　(2) 媒介変数表示は $\begin{cases} x=-2+5t \\ y=3-t \end{cases}$

　　　直線の方程式は　$y=-\dfrac{1}{5}x+\dfrac{13}{5}$

35a $\vec{p}=\dfrac{1}{2}(1-t)\vec{a}+\dfrac{1}{2}t\vec{b}$

35b $\vec{p}=\dfrac{2}{3}(1-t)\vec{a}+\dfrac{1}{3}t\vec{b}$

36a $4x-y-14=0$

36b $3x+4y+15=0$

37a (1) 中心の位置ベクトルは $2\vec{a}$, 半径は 1
　　(2) 中心の位置ベクトルは $-3\vec{a}$, 半径は 3
　　(3) 中心の位置ベクトルは $\dfrac{1}{4}\vec{a}$, 半径は 1

37b (1) 中心の位置ベクトルは $\dfrac{1}{2}\vec{a}$, 半径は 5

　　(2) 中心の位置ベクトルは $-\dfrac{1}{2}\vec{a}$, 半径は 2

　　(3) 中心の位置ベクトルは $3\vec{a}$, 半径は 3

考えてみよう 7

円周上の点Pが2点 A, B と一致しないとき
　$\overrightarrow{AP}\perp\overrightarrow{BP}$ であるから　$\overrightarrow{AP}\cdot\overrightarrow{BP}=0$
　$\overrightarrow{AP}=\vec{p}-\vec{a}$, $\overrightarrow{BP}=\vec{p}-\vec{b}$ より
　$(\vec{p}-\vec{a})\cdot(\vec{p}-\vec{b})=0$
円周上の点Pが点Aまたは点Bと一致するとき
　$\overrightarrow{AP}=\vec{0}$ または $\overrightarrow{BP}=\vec{0}$ より　$\overrightarrow{AP}\cdot\overrightarrow{BP}=0$
　すなわち　$(\vec{p}-\vec{a})\cdot(\vec{p}-\vec{b})=0$
以上より　$(\vec{p}-\vec{a})\cdot(\vec{p}-\vec{b})=0$

練習3 (1) $\overrightarrow{AP}=\dfrac{4\overrightarrow{AB}+5\overrightarrow{AC}}{12}$

　　　(2) $\triangle PBC:\triangle PCA:\triangle PAB=3:4:5$

練習4 $\dfrac{1}{3}\overrightarrow{OA}=\overrightarrow{OA'}$, $\dfrac{1}{3}\overrightarrow{OB}=\overrightarrow{OB'}$ を満たす点 A′,
　　　B′ をとると, 点Pの存在範囲は, 線分 A′B′
　　　である。

練習5 $2\overrightarrow{OA}=\overrightarrow{OA'}$, $2\overrightarrow{OB}=\overrightarrow{OB'}$ となるような 2 点
　　　A′, B′ をとると, 点Pの存在範囲は
　　　$\triangle OA'B'$ の周上および内部である。

2章　空間のベクトル

1 節‖空間のベクトル

38a A(4, 0, 0), B(4, 2, 0), D(0, 0, 0),
　　　F(4, 2, 1), G(0, 2, 1), H(0, 0, 1)

38b B(2, 3, 0), E(2, 0, 5),
　　　F(2, 3, 5), G(0, 3, 5)

39a $\sqrt{29}$

39b $5\sqrt{2}$

40a (1) $z=-2$　　(2) $x=5$　　(3) $y=1$

40b (1) $z=2$　　(2) $y=4$　　(3) $x=-3$

考えてみよう 8

(1) $(3, 2, -4)$
(2) $(-3, -2, 4)$
(3) $(-3, -2, -4)$

41a (1) $\overrightarrow{AL}=\vec{a}+\dfrac{1}{2}\vec{b}$

　　(2) $\overrightarrow{AN}=\vec{a}+\dfrac{1}{2}\vec{b}+\vec{c}$

　　(3) $\overrightarrow{CM}=-\dfrac{1}{2}\vec{a}-\vec{b}+\vec{c}$

41b (1) $\overrightarrow{AN}=\dfrac{\vec{b}+\vec{c}}{2}$

　　(2) $\overrightarrow{LD}=\vec{c}-\dfrac{1}{2}\vec{a}$

　　(3) $\overrightarrow{LN}=\dfrac{-\vec{a}+\vec{b}+\vec{c}}{2}$

42a $k=3$, $\ell=-1$, $m=-1$

42b $k=2$, $\ell=-1$, $m=3$

43a (1) $\sqrt{29}$　　　　　　(2) 5

43b (1) 3　　　　　　　　(2) $2\sqrt{10}$

44a (1) $(5, 0, 9)$　　(2) $(-5, 5, -7)$
　　(3) $(9, 2, 17)$

44b (1) $(2, 4, -4)$　　(2) $(7, 8, -10)$
　　(3) $(18, 0, -12)$

45a $\overrightarrow{AB}=(4, 2, -4)$, $|\overrightarrow{AB}|=6$

45b $\overrightarrow{AB}=(-2, -6, -1)$, $|\overrightarrow{AB}|=\sqrt{41}$

46a $x=4$, $y=2$

46b $x=-10$, $y=-2$

47a (1) 8　　　　　　　　(2) -8

47b (1) 8　　　　　　　　(2) 8

48a (1) $\vec{a}\cdot\vec{b}=3$, $\theta=45°$
　　(2) $\vec{a}\cdot\vec{b}=-15$, $\theta=135°$

48b (1) $\vec{a}\cdot\vec{b}=-3$, $\theta=135°$
　　(2) $\vec{a}\cdot\vec{b}=-7$, $\theta=120°$

49a $x=-6$

49b $x=-2$, 4

50a $(1, 1, -2)$, $(-1, -1, 2)$

50b $\left(\dfrac{1}{\sqrt{14}},\ \dfrac{2}{\sqrt{14}},\ -\dfrac{3}{\sqrt{14}}\right)$,

$\left(-\dfrac{1}{\sqrt{14}},\ -\dfrac{2}{\sqrt{14}},\ \dfrac{3}{\sqrt{14}}\right)$

51a (1) $\vec{p}=\dfrac{5\vec{a}+3\vec{b}}{8}$

(2) $\vec{g}=\dfrac{\vec{a}+\vec{c}}{3}$

(3) $\overrightarrow{PG}=\dfrac{-7\vec{a}-9\vec{b}+8\vec{c}}{24}$

51b (1) $\vec{q}=3\vec{b}-2\vec{c}$

(2) $\vec{g'}=\dfrac{\vec{a}+4\vec{b}-2\vec{c}}{3}$

(3) $\overrightarrow{G'B}=\dfrac{-\vec{a}-\vec{b}+2\vec{c}}{3}$

52a (1) M$(1,\ -1,\ 2)$　　(2) Q$(-15,\ 7,\ 10)$

52b (1) P$(3,\ -2,\ 0)$　　(2) G$\left(1,\ \dfrac{5}{3},\ 2\right)$

53a $\overrightarrow{OA}=\vec{a}$, $\overrightarrow{OB}=\vec{b}$, $\overrightarrow{OC}=\vec{c}$ とする。

$$\overrightarrow{OG}=\dfrac{\overrightarrow{OD}+\overrightarrow{OE}+\overrightarrow{OF}}{3}$$

$$=\dfrac{\dfrac{3}{4}\vec{a}+\dfrac{3}{4}\vec{b}+\dfrac{3}{4}\vec{c}}{3}$$

$$=\dfrac{\vec{a}+\vec{b}+\vec{c}}{4}$$

$$\overrightarrow{OH}=\dfrac{\overrightarrow{OB}+\overrightarrow{OC}}{3}=\dfrac{\vec{b}+\vec{c}}{3}$$

であるから

$$\overrightarrow{AG}=\overrightarrow{OG}-\overrightarrow{OA}$$

$$=\dfrac{\vec{a}+\vec{b}+\vec{c}}{4}-\vec{a}$$

$$=\dfrac{-3\vec{a}+\vec{b}+\vec{c}}{4}$$

$$\overrightarrow{AH}=\overrightarrow{OH}-\overrightarrow{OA}=\dfrac{\vec{b}+\vec{c}}{3}-\vec{a}$$

$$=\dfrac{-3\vec{a}+\vec{b}+\vec{c}}{3}$$

よって　$\overrightarrow{AH}=\dfrac{4}{3}\overrightarrow{AG}$

したがって，3点 A，G，H は一直線上にある。

53b $\overrightarrow{AB}=\vec{a}$, $\overrightarrow{AD}=\vec{b}$, $\overrightarrow{AE}=\vec{c}$ とする。

$$\overrightarrow{AG}=\overrightarrow{AB}+\overrightarrow{BC}+\overrightarrow{CG}=\vec{a}+\vec{b}+\vec{c}$$

また　$\overrightarrow{AN}=\dfrac{\overrightarrow{AE}+\overrightarrow{AG}}{2}$

$$=\dfrac{\vec{c}+(\vec{a}+\vec{b}+\vec{c})}{2}$$

$$=\dfrac{\vec{a}+\vec{b}+2\vec{c}}{2}$$

であるから

$$\overrightarrow{AK}=\dfrac{\overrightarrow{AL}+\overrightarrow{AM}+\overrightarrow{AN}}{3}$$

$$=\dfrac{\dfrac{1}{2}\vec{b}+\dfrac{1}{2}\vec{a}+\dfrac{\vec{a}+\vec{b}+2\vec{c}}{2}}{3}$$

$$=\dfrac{\vec{a}+\vec{b}+\vec{c}}{3}$$

よって　$\overrightarrow{AG}=3\overrightarrow{AK}$

したがって，3点 A，K，G は一直線上にある。

54a $\overrightarrow{AB}=\vec{b}$, $\overrightarrow{AD}=\vec{d}$, $\overrightarrow{AE}=\vec{e}$ とすると

$$\overrightarrow{AG}\cdot\overrightarrow{BE}$$

$$=(\vec{b}+\vec{d}+\vec{e})\cdot(\vec{e}-\vec{b})$$

$$=\vec{b}\cdot\vec{e}-|\vec{b}|^2+\vec{d}\cdot\vec{e}-\vec{d}\cdot\vec{b}+|\vec{e}|^2-\vec{e}\cdot\vec{b}$$

$$=|\vec{e}|^2-|\vec{b}|^2+\vec{d}\cdot\vec{e}-\vec{d}\cdot\vec{b}\qquad\cdots\cdots①$$

立方体の各面は正方形であるから

$$|\vec{e}|=|\vec{b}|,\ \vec{d}\cdot\vec{e}=0,\ \vec{d}\cdot\vec{b}=0$$

よって，①から　$\overrightarrow{AG}\cdot\overrightarrow{BE}=0$

$\overrightarrow{AG}\neq\vec{0}$, $\overrightarrow{BE}\neq\vec{0}$ であるから　AG⊥BE

54b $\overrightarrow{AB}=\vec{b}$, $\overrightarrow{AC}=\vec{c}$, $\overrightarrow{AD}=\vec{d}$ とすると

$$\overrightarrow{MN}=\overrightarrow{AN}-\overrightarrow{AM}=\dfrac{\vec{c}+\vec{d}}{2}-\dfrac{1}{2}\vec{b}$$

$$=\dfrac{1}{2}(\vec{c}+\vec{d}-\vec{b})$$

であるから

$$\overrightarrow{AB}\cdot\overrightarrow{MN}$$

$$=\vec{b}\cdot\dfrac{1}{2}(\vec{c}+\vec{d}-\vec{b})$$

$$=\dfrac{1}{2}(\vec{b}\cdot\vec{c}+\vec{b}\cdot\vec{d}-|\vec{b}|^2)\qquad\cdots\cdots①$$

正四面体の各面は正三角形であるから

$$\vec{b}\cdot\vec{c}=|\vec{b}||\vec{c}|\cos60°=\dfrac{1}{2}|\vec{b}|^2$$

$$\vec{b}\cdot\vec{d}=|\vec{b}||\vec{d}|\cos60°=\dfrac{1}{2}|\vec{b}|^2$$

よって，①から　$\overrightarrow{AB}\cdot\overrightarrow{MN}=0$

$\overrightarrow{AB}\neq\vec{0}$, $\overrightarrow{MN}\neq\vec{0}$ であるから　AB⊥MN

55a (1) $x^2+y^2+z^2=9$

(2) $(x-4)^2+(y+1)^2+(z+2)^2=9$

(3) $(x+1)^2+(y-2)^2+(z-1)^2=6$

55b (1) $(x-2)^2+(y+3)^2+(z-1)^2=1$

(2) $x^2+y^2+(z+2)^2=7$

(3) $(x-3)^2+(y+5)^2+(z-1)^2=6$

考えてみよう 9

$(x+1)^2+(y+6)^2+(z-2)^2=36$

練習6 (1) $\dfrac{3}{2}$　　(2) $\dfrac{3\sqrt{11}}{2}$　　(3) $\dfrac{3\sqrt{11}}{11}$

練習7 $z=0$

3章　複素数平面

1 節‖複素数平面

56a $a=2,\ b=-1$

56b $a=-2,\ b=\dfrac{5}{3}$

57a (1) $1-i$　　　　(2) 11
　　　(3) $7+24i$

57b (1) $-5+5\sqrt{3}\,i$　　(2) $-1+17i$
　　　(3) $2-11i$

58a (1) $-3-2i$　　　(2) 1

58b (1) $4+\sqrt{2}\,i$　　(2) $3i$

59a (1) $-\dfrac{3}{2}-\dfrac{5}{2}i$　　(2) $\dfrac{1}{5}+\dfrac{2}{5}i$

59b (1) $1+i$　　　(2) $-\dfrac{15}{17}+\dfrac{8}{17}i$

60a

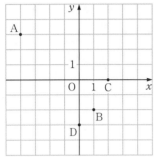

60b

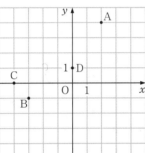

61a

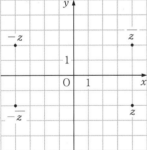

61b

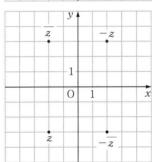

62a (1)

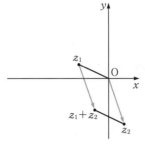

(2)

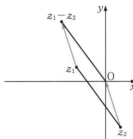

(3)

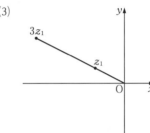

62b (1)

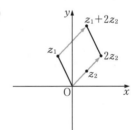

(2)

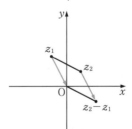

(3)

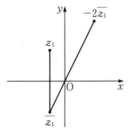

63a (1) $\sqrt{2}\,(\cos 315°+i\sin 315°)$
　　　(2) $2\sqrt{3}\,(\cos 210°+i\sin 210°)$
　　　(3) $3(\cos 270°+i\sin 270°)$

63b (1) $2(\cos 150° + i\sin 150°)$

(2) $\cos 330° + i\sin 330°$

(3) $\cos 180° + i\sin 180°$

考えてみよう 10

$-\dfrac{1}{\sqrt{2}} + \dfrac{1}{\sqrt{2}}i$

64a (1) $|z_1 z_2| = 2\sqrt{2}$, $\arg(z_1 z_2) = 165°$

(2) $|z_1 z_2| = 4\sqrt{2}$, $\arg(z_1 z_2) = 195°$

64b (1) $|z_1 z_2| = 6\sqrt{2}$, $\arg(z_1 z_2) = 255°$

(2) $|z_1 z_2| = 3$, $\arg(z_1 z_2) = 60°$

65a (1) 点 z_1 を原点のまわりに $315°$ だけ回転し，原点からの距離を $\sqrt{2}$ 倍した点

(2) 点 z_1 を原点のまわりに $90°$ だけ回転し，原点からの距離を 3 倍した点

65b (1) 点 z_1 を原点のまわりに $60°$ だけ回転した点

(2) 点 z_1 を原点のまわりに $330°$ だけ回転し，原点からの距離を 4 倍した点

66a (1) $\dfrac{\sqrt{2}}{2} + \dfrac{3\sqrt{2}}{2}i$ (2) $-1+2i$

66b (1) $-5+3\sqrt{3}\,i$ (2) $-2-4\sqrt{3}\,i$

考えてみよう 11

$2\sqrt{3} - 2i$

67a (1) $\left|\dfrac{z_1}{z_2}\right| = \sqrt{2}$, $\arg\dfrac{z_1}{z_2} = 255°$

(2) $\left|\dfrac{z_1}{z_2}\right| = \dfrac{\sqrt{2}}{2}$, $\arg\dfrac{z_1}{z_2} = 45°$

67b (1) $\left|\dfrac{z_1}{z_2}\right| = \dfrac{1}{\sqrt{3}}$, $\arg\dfrac{z_1}{z_2} = 60°$

(2) $\left|\dfrac{z_1}{z_2}\right| = \dfrac{4}{3}$, $\arg\dfrac{z_1}{z_2} = 150°$

68a (1) 点 z_1 を原点のまわりに $315°$ だけ負の向きに回転し，原点からの距離を $\dfrac{1}{\sqrt{2}}$ 倍した点

(2) 点 z_1 を原点のまわりに $90°$ だけ負の向きに回転し，原点からの距離を $\dfrac{1}{3}$ 倍した点

68b (1) 点 z_1 を原点のまわりに $150°$ だけ負の向きに回転し，原点からの距離を $\dfrac{1}{2}$ 倍した点

(2) 点 z_1 を原点のまわりに $300°$ だけ負の向きに回転し，原点からの距離を $\dfrac{1}{4}$ 倍した点

69a (1) 1 (2) $24\sqrt{3}\,i$ (3) $-\dfrac{1}{4}$

69b (1) $\dfrac{1}{\sqrt{2}} + \dfrac{1}{\sqrt{2}}i$ (2) $8i$

(3) $\dfrac{1}{64}$

70a $z = \dfrac{\sqrt{3}}{2} + \dfrac{1}{2}i$, $-\dfrac{\sqrt{3}}{2} - \dfrac{1}{2}i$

70b $z = 1 + \sqrt{3}\,i$, -2, $1 - \sqrt{3}\,i$

71a (1) $\dfrac{29}{7} + \dfrac{2}{7}i$ (2) $2 + \dfrac{7}{2}i$

(3) $4 + \dfrac{1}{2}i$

71b (1) $\dfrac{3}{2} - \dfrac{11}{4}i$ (2) $-9 + 13i$

(3) $1 - 2i$

72a $3 + i$

72b $2 + 3i$

73a (1) 13 (2) $3\sqrt{5}$

73b (1) $\sqrt{65}$ (2) $\sqrt{7}$

74a (1) $|z - 4i| = |z + 1|$

(2) $|z - (-2+i)| = |z + 3i|$

74b (1) $|z - (5+i)| = |z - (-1-i)|$

(2) $|z| = |z - (-1+3i)|$

75a 2 点 -3, $2i$ を結ぶ線分の垂直二等分線

75b 2 点 i, $-4-i$ を結ぶ線分の垂直二等分線

76a (1) $|z - i| = 4$

(2) $|z - (2+i)| = \sqrt{5}$

(3) $|z - (3-4i)| = 3$

76b (1) $|z - (-3+2i)| = 1$

(2) $|z - (3-i)| = \sqrt{5}$

(3) $|z - (3-3i)| = 3$

77a 点 $2 - i$ を中心とし，半径が 3 の円

77b 点 $\dfrac{1}{2}i$ を中心とし，半径が $\dfrac{1}{2}$ の円

78a 点 $1 + 2i$ を中心とし，半径が 1 の円

78b 点 i を中心とし，半径が 4 の円

79a (1) $90°$ (2) $45°$

79b (1) $45°$ (2) $60°$

80a (1) $k = 9$ (2) $k = -\dfrac{15}{4}$

80b (1) $k = 14$ (2) $k = -1$

練習8 点 1 を中心とし，半径が 2 の円

練習9 (1) $\left(-\dfrac{1}{2} + \sqrt{3}\right) + \left(-1 + \dfrac{3\sqrt{3}}{2}\right)i$

(2) $-1 - 5i$

練習10 $\dfrac{z_2 - z_0}{z_1 - z_0} = \sqrt{3}\,i$ より $\left|\dfrac{z_2 - z_0}{z_1 - z_0}\right| = |\sqrt{3}\,i|$

$|\sqrt{3}\,i| = \sqrt{3}$ であるから $\left|\dfrac{z_2 - z_0}{z_1 - z_0}\right| = \sqrt{3}$

よって $|z_2 - z_0| = \sqrt{3}\,|z_1 - z_0|$

したがって $\mathrm{PR} = \sqrt{3}\,\mathrm{PQ}$ ……①

また，$\sqrt{3}\,i = \sqrt{3}(\cos 90° + i\sin 90°)$ である

から $\arg\dfrac{z_2 - z_0}{z_1 - z_0} = \arg(\sqrt{3}\,i) = 90°$

したがって $\angle \mathrm{QPR} = 90°$ ……②

①，②より，$\triangle \mathrm{PQR}$ は $\angle \mathrm{P} = 90°$, $\angle \mathrm{Q} = 60°$,

$\angle \mathrm{R} = 30°$ の直角三角形である。

4章 式と曲線

1節 2次曲線

81a (1) $y^2 = 24x$ (2) $y^2 = -16x$

81b (1) $y^2 = 2x$ (2) $y^2 = -x$

82a 焦点は点$(-3,\ 0)$，準線は直線 $x = 3$

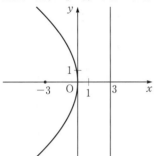

82b 焦点は点$\left(\dfrac{3}{2},\ 0\right)$，準線は直線 $x = -\dfrac{3}{2}$

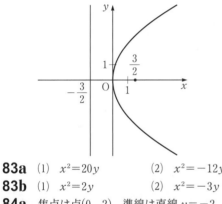

83a (1) $x^2 = 20y$ (2) $x^2 = -12y$

83b (1) $x^2 = 2y$ (2) $x^2 = -3y$

84a 焦点は点$(0,\ 2)$，準線は直線 $y = -2$

84b 焦点は点$\left(0,\ -\dfrac{5}{2}\right)$，準線は直線 $y = \dfrac{5}{2}$

考えてみよう　12

(1) $y^2 = 8x$ (2) $x^2 = -8y$

85a (1) 焦点は点$(3\sqrt{3},\ 0)$, $(-3\sqrt{3},\ 0)$
頂点は点$(6,\ 0)$, $(-6,\ 0)$, $(0,\ 3)$,
$(0,\ -3)$

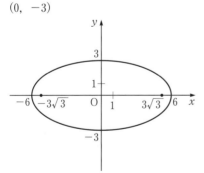

(2) 焦点は点$(\sqrt{2},\ 0)$, $(-\sqrt{2},\ 0)$
頂点は点$(\sqrt{5},\ 0)$, $(-\sqrt{5},\ 0)$, $(0,\ \sqrt{3})$,
$(0,\ -\sqrt{3})$

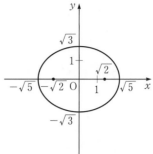

85b (1) 焦点は点$(\sqrt{7},\ 0)$, $(-\sqrt{7},\ 0)$
頂点は点$(4,\ 0)$, $(-4,\ 0)$, $(0,\ 3)$,
$(0,\ -3)$

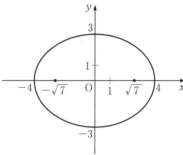

(2) 焦点は点$(\sqrt{15},\ 0)$, $(-\sqrt{15},\ 0)$
頂点は点$(4,\ 0)$, $(-4,\ 0)$, $(0,\ 1)$,
$(0,\ -1)$

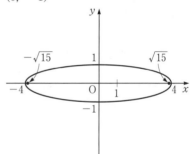

86a $\dfrac{x^2}{36} + \dfrac{y^2}{20} = 1$

86b $\dfrac{x^2}{16} + \dfrac{y^2}{7} = 1$

考えてみよう　13

$\dfrac{x^2}{64} + \dfrac{y^2}{39} = 1$

87a 焦点は点$(0,\ 3)$, $(0,\ -3)$
頂点は点$(4,\ 0)$, $(-4,\ 0)$, $(0,\ 5)$, $(0,\ -5)$

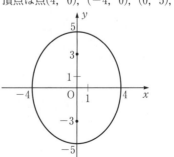

109

87b 焦点は点$(0,\ 2\sqrt{2})$, $(0,\ -2\sqrt{2})$

頂点は点$(1,\ 0)$, $(-1,\ 0)$, $(0,\ 3)$, $(0,\ -3)$

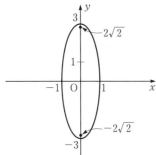

88a $\dfrac{x^2}{5}+\dfrac{y^2}{9}=1$

88b $\dfrac{x^2}{9}+\dfrac{y^2}{16}=1$

89a (1) 楕円 $x^2+4y^2=1$

(2) 楕円 $\dfrac{x^2}{16}+y^2=1$

89b (1) 楕円 $\dfrac{x^2}{8}+\dfrac{y^2}{32}=1$

(2) 楕円 $\dfrac{2}{9}x^2+\dfrac{y^2}{8}=1$

90a 焦点は点$(2\sqrt{6},\ 0)$, $(-2\sqrt{6},\ 0)$

頂点は点$(4,\ 0)$, $(-4,\ 0)$

90b 焦点は点$(\sqrt{10},\ 0)$, $(-\sqrt{10},\ 0)$

頂点は点$(3,\ 0)$, $(-3,\ 0)$

91a $\dfrac{x^2}{16}-\dfrac{y^2}{9}=1$

91b $\dfrac{x^2}{4}-\dfrac{y^2}{12}=1$

92a (1) 頂点は点$(3,\ 0)$, $(-3,\ 0)$

漸近線は2直線 $y=\dfrac{4}{3}x$, $y=-\dfrac{4}{3}x$

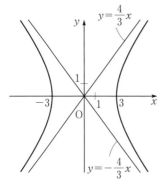

(2) 頂点は点$(2,\ 0)$, $(-2,\ 0)$

漸近線は2直線 $y=\dfrac{1}{2}x$, $y=-\dfrac{1}{2}x$

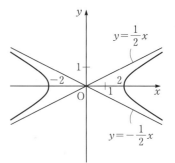

92b (1) 頂点は点$(5,\ 0)$, $(-5,\ 0)$

漸近線は2直線 $y=\dfrac{3}{5}x$, $y=-\dfrac{3}{5}x$

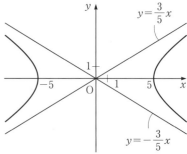

(2) 頂点は点$(2,\ 0)$, $(-2,\ 0)$

漸近線は2直線 $y=\dfrac{3}{2}x$, $y=-\dfrac{3}{2}x$

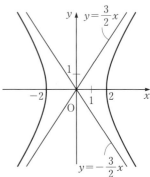

93a (1) 焦点は点$(0,\ \sqrt{13})$, $(0,\ -\sqrt{13})$

頂点は点$(0,\ 2)$, $(0,\ -2)$

漸近線は2直線 $y=\dfrac{2}{3}x$, $y=-\dfrac{2}{3}x$

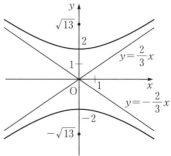

(2) 焦点は点$(0,\ \sqrt{10})$, $(0,\ -\sqrt{10})$

頂点は点$(0,\ 3)$, $(0,\ -3)$

漸近線は2直線 $y=3x$, $y=-3x$

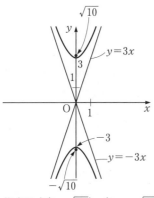

93b (1) 焦点は点 $(0,\ \sqrt{34}\,)$, $(0,\ -\sqrt{34}\,)$
頂点は点 $(0,\ 5)$, $(0,\ -5)$

漸近線は2直線 $y=\dfrac{5}{3}x$, $y=-\dfrac{5}{3}x$

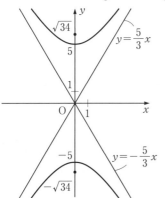

(2) 焦点は点 $(0,\ \sqrt{5}\,)$, $(0,\ -\sqrt{5}\,)$
頂点は点 $(0,\ 1)$, $(0,\ -1)$

漸近線は2直線 $y=\dfrac{1}{2}x$, $y=-\dfrac{1}{2}x$

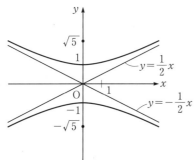

94a (1) $\dfrac{(x-1)^2}{9}+(y+2)^2=1$

(2) $\dfrac{(x-1)^2}{4}-\dfrac{(y+2)^2}{25}=1$

(3) $(y+2)^2=\dfrac{1}{2}(x-1)$

94b (1) $\dfrac{(x+5)^2}{9}+\dfrac{(y-4)^2}{36}=1$

(2) $(x+5)^2-\dfrac{(y-4)^2}{3}=-1$

(3) $(y-4)^2=-5(x+5)$

95a (1) 楕円 $x^2+\dfrac{y^2}{4}=1$ を x 軸方向に -2, y 軸

方向に 1 だけ平行移動した楕円

(2) 双曲線 $\dfrac{x^2}{9}-y^2=-1$ を x 軸方向に 4, y
軸方向に 3 だけ平行移動した双曲線

95b (1) 楕円 $\dfrac{x^2}{4}+\dfrac{y^2}{9}=1$ を x 軸方向に 1, y 軸方
向に -2 だけ平行移動した楕円

(2) 放物線 $y^2=8x$ を x 軸方向に -5, y 軸方
向に 3 だけ平行移動した放物線

96a (1) $(-5,\ -14)$, $(-1,\ -2)$

(2) $\left(\dfrac{1}{4},\ \dfrac{3}{2}\right)$, $(1,\ 3)$

96b (1) $(1,\ 4)$, $\left(\dfrac{7}{3},\ \dfrac{8}{3}\right)$

(2) $(3,\ 6)$

97a $k<1$ のとき，2個
$k=1$ のとき，1個
$k>1$ のとき，0個

97b $-2\sqrt{2}<k<2\sqrt{2}$ のとき，2個
$k=\pm2\sqrt{2}$ のとき，1個
$k<-2\sqrt{2}$，$2\sqrt{2}<k$ のとき，0個

練習11 (1) $y^2=-12x$

(2) $\dfrac{x^2}{16}+\dfrac{y^2}{4}=1$

(3) $x^2-\dfrac{y^2}{9}=-1$

練習12 (1) $y=2x+2\sqrt{2}$, $y=2x-2\sqrt{2}$

(2) $y=\sqrt{5}\,x+2$, $y=-\sqrt{5}\,x+2$

練習13 $\left(\dfrac{1}{2},\ -\dfrac{3}{2}\right)$

2 節‖ 媒介変数表示と極座標

98a (1) $y=2x-1$　　　(2) $y=x^2+5x+4$

98b (1) $y=-\dfrac{4}{3}x+1$　　(2) $x=2y^2$

99a 直線 $y=-x+3$

99b 放物線 $y=x^2+3x-1$

100a (1) $x=4\cos\theta$, $y=4\sin\theta$
(2) $x=\sqrt{10}\cos\theta$, $y=\sqrt{10}\sin\theta$

100b (1) $x=\cos\theta$, $y=\sin\theta$
(2) $x=2\sqrt{2}\cos\theta$, $y=2\sqrt{2}\sin\theta$

101a $x=2\cos\theta$, $y=4\sin\theta$

101b $x=\sqrt{5}\cos\theta$, $y=\sin\theta$

102a 楕円 $\dfrac{x^2}{9}+y^2=1$ を x 軸方向に -4, y 軸方
向に 2 だけ平行移動した楕円

102b 楕円 $\dfrac{x^2}{4}+\dfrac{y^2}{25}=1$ を x 軸方向に 3, y 軸方向
に -1 だけ平行移動した楕円

103a

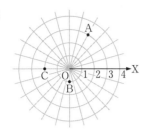

103b

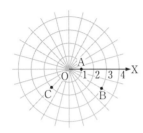

104a (1) $A\left(1, \dfrac{\pi}{3}\right)$ (2) $B\left(2, \dfrac{5}{6}\pi\right)$

(3) $C\left(2, \dfrac{3}{2}\pi\right)$

104b (1) $A(3, 0)$ (2) $B\left(3\sqrt{2}, \dfrac{\pi}{4}\right)$

(3) $C\left(\dfrac{3\sqrt{2}}{2}, \dfrac{\pi}{4}\right)$

105a (1) $\left(\dfrac{1}{2}, \dfrac{\sqrt{3}}{2}\right)$ (2) $(-1, 1)$

(3) $(0, 4)$ (4) $(-5, 0)$

105b (1) $(-1, \sqrt{3})$ (2) $(-\sqrt{3}, -1)$

(3) $(3, 0)$ (4) $\left(-\dfrac{1}{\sqrt{2}}, -\dfrac{1}{\sqrt{2}}\right)$

106a (1) $\left(2\sqrt{2}, \dfrac{7}{4}\pi\right)$ (2) $\left(2, \dfrac{5}{6}\pi\right)$

(3) $(5, 0)$

106b (1) $\left(4, \dfrac{\pi}{2}\right)$ (2) $\left(2\sqrt{2}, \dfrac{\pi}{3}\right)$

(3) $\left(3\sqrt{2}, \dfrac{5}{4}\pi\right)$

考えてみよう 14

$\left(2, -\dfrac{\pi}{3}\right)$

107a (1) $r=5$ (2) $r=12\cos\theta$

107b (1) $r=\sqrt{2}$ (2) $r=3\cos\theta$

108a (1) $\theta=\dfrac{\pi}{6}$ (2) $r\cos\left(\theta-\dfrac{\pi}{6}\right)=5$

108b (1) $\theta=\dfrac{5}{6}\pi$

(2) $r\cos\left(\theta-\dfrac{5}{6}\pi\right)=1$

109a (1) $r\sin\theta=5$

(2) $r^2(1+3\sin^2\theta)=4$

109b (1) $r^2\sin 2\theta=-4$

(2) $r^2\cos 2\theta=9$

110a (1) $y=-2x+1$

(2) $y=5x$

110b (1) $xy=4$

(2) $(x+2)^2+(y-3)^2=13$

練習14 $r=\dfrac{5}{1+\cos\theta}$

考えてみよう 15

$y^2=-6x+9$

練習15 (1) $x^2+y^2=5$

(2) $y=x^2-2 \ (x\geqq 2)$

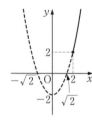

練習16 (1) $AB=\sqrt{21}, \ S=\sqrt{3}$

(2) $AB=\sqrt{7}, \ S=\dfrac{3\sqrt{3}}{2}$

新課程版　スタディ数学 C

2023年 1 月10日　初版　　第 1 刷発行
2024年 1 月10日　初版　　第 2 刷発行

編　者　第一学習社編集部

発行者　松　本　洋　介

発行所　株式会社 第一学習社

広島：広島市西区横川新町 7 番14号　〒733-8521　☎082-234-6800
東京：東京都文京区本駒込 5 丁目16番 7 号　〒113-0021　☎03-5834-2530
大阪：吹田市広芝町 8 番 24 号　〒564-0052　☎06-6380-1391

札　幌☎011-811-1848　　　仙台☎022-271-5313　　　新　潟☎025-290-6077
つくば☎029-853-1080　　　横浜☎045-953-6191　　　名古屋☎052-769-1339
神　戸☎078-937-0255　　　広島☎082-222-8565　　　福　岡☎092-771-1651

訂正情報配信サイト 26916-02
利用に際しては，一般に，通信料が発生します。

https://dg-w.jp/f/a6072

書籍コード　26916-02

＊落丁，乱丁本はおとりかえいたします。
解答は個人のお求めには応じられません。

ISBN978-4-8040-2691-6　　　　ホームページ　http://www.daiichi-g.co.jp/

平面上のベクトル

1 ベクトルの加法の性質
① $\vec{a}+\vec{b}=\vec{b}+\vec{a}$
② $(\vec{a}+\vec{b})+\vec{c}=\vec{a}+(\vec{b}+\vec{c})$

2 ベクトルの実数倍の性質
k，ℓ を実数とするとき
① $k(\ell\vec{a})=(k\ell)\vec{a}$　② $(k+\ell)\vec{a}=k\vec{a}+\ell\vec{a}$
③ $k(\vec{a}+\vec{b})=k\vec{a}+k\vec{b}$

3 ベクトルの平行条件
$\vec{a}\neq\vec{0}$，$\vec{b}\neq\vec{0}$ のとき
$\vec{a}\,/\!/\,\vec{b} \iff \vec{b}=k\vec{a}$ となる実数 k がある

4 ベクトルの分解
$\vec{a}\neq\vec{0}$，$\vec{b}\neq\vec{0}$，$\vec{a}$ と $\vec{b}$ は平行でないとき
$m\vec{a}+n\vec{b}=m'\vec{a}+n'\vec{b} \iff m=m'$，$n=n'$

5 ベクトルの相等
$\vec{a}=(a_1,\ a_2)$，$\vec{b}=(b_1,\ b_2)$ のとき
$\vec{a}=\vec{b} \iff a_1=b_1$，$a_2=b_2$

6 ベクトルの大きさ
$\vec{a}=(a_1,\ a_2)$ のとき　$|\vec{a}|=\sqrt{a_1{}^2+a_2{}^2}$

7 成分によるベクトルの演算
$(a_1,\ a_2)+(b_1,\ b_2)=(a_1+b_1,\ a_2+b_2)$
$(a_1,\ a_2)-(b_1,\ b_2)=(a_1-b_1,\ a_2-b_2)$
$k(a_1,\ a_2)=(ka_1,\ ka_2)$　　　ただし，k は実数

8 $\overrightarrow{AB}$ の成分と大きさ
2 点 $A(a_1,\ a_2)$，$B(b_1,\ b_2)$ について
$\overrightarrow{AB}=(b_1-a_1,\ b_2-a_2)$
$|\overrightarrow{AB}|=\sqrt{(b_1-a_1)^2+(b_2-a_2)^2}$

9 ベクトルの内積
$\vec{a}$，$\vec{b}$ のなす角を θ とすると
$\vec{a}\cdot\vec{b}=|\vec{a}||\vec{b}|\cos\theta$

10 内積と成分
$\vec{a}=(a_1,\ a_2)$，$\vec{b}=(b_1,\ b_2)$ のとき
$\vec{a}\cdot\vec{b}=a_1b_1+a_2b_2$

11 ベクトルのなす角
$\vec{0}$ でない 2 つのベクトル $\vec{a}=(a_1,\ a_2)$，
$\vec{b}=(b_1,\ b_2)$ のなす角を θ とすると
$$\cos\theta=\frac{\vec{a}\cdot\vec{b}}{|\vec{a}||\vec{b}|}=\frac{a_1b_1+a_2b_2}{\sqrt{a_1{}^2+a_2{}^2}\sqrt{b_1{}^2+b_2{}^2}}$$
$(0°\leqq\theta\leqq180°)$

12 ベクトルの垂直条件
$\vec{a}\neq\vec{0}$，$\vec{b}\neq\vec{0}$ で，$\vec{a}=(a_1,\ a_2)$，$\vec{b}=(b_1,\ b_2)$
のとき
$\vec{a}\perp\vec{b} \iff \vec{a}\cdot\vec{b}=0 \iff a_1b_1+a_2b_2=0$

13 内積の性質
① $\vec{a}\cdot\vec{a}=|\vec{a}|^2$　　② $\vec{a}\cdot\vec{b}=\vec{b}\cdot\vec{a}$
③ $\vec{a}\cdot(\vec{b}+\vec{c})=\vec{a}\cdot\vec{b}+\vec{a}\cdot\vec{c}$
④ $(\vec{a}+\vec{b})\cdot\vec{c}=\vec{a}\cdot\vec{c}+\vec{b}\cdot\vec{c}$
⑤ $(k\vec{a})\cdot\vec{b}=\vec{a}\cdot(k\vec{b})=k(\vec{a}\cdot\vec{b})$
ただし，k は実数

14 三角形の面積とベクトル
$\triangle OAB$ の面積 S は
$$S=\frac{1}{2}\sqrt{|\overrightarrow{OA}|^2|\overrightarrow{OB}|^2-(\overrightarrow{OA}\cdot\overrightarrow{OB})^2}$$
$\overrightarrow{OA}=(a_1,\ a_2)$，$\overrightarrow{OB}=(b_1,\ b_2)$ とすると
$$S=\frac{1}{2}|a_1b_2-a_2b_1|$$

15 内分点・外分点の位置ベクトル
2 点 $A(\vec{a})$，$B(\vec{b})$ を結ぶ線分 AB を $m:n$ に
内分する点を $P(\vec{p})$，外分する点を $Q(\vec{q})$ とす
ると
$$\vec{p}=\frac{n\vec{a}+m\vec{b}}{m+n},\ \ \vec{q}=\frac{-n\vec{a}+m\vec{b}}{m-n}$$

16 三角形の重心の位置ベクトル
3 点 $A(\vec{a})$，$B(\vec{b})$，$C(\vec{c})$ を頂点とする
$\triangle ABC$ の重心を $G(\vec{g})$ とすると
$$\vec{g}=\frac{\vec{a}+\vec{b}+\vec{c}}{3}$$

17 一直線上にある 3 点
3 点 A，B，C が一直線上にある
$\iff \overrightarrow{AC}=k\overrightarrow{AB}$ となる実数 k がある

18 直線のベクトル方程式
① 点 $A(\vec{a})$ を通り，$\vec{0}$ でないベクトル $\vec{u}$ に
平行な直線　　$\vec{p}=\vec{a}+t\vec{u}$
② 2 点 $A(\vec{a})$，$B(\vec{b})$ を通る直線
$\vec{p}=(1-t)\vec{a}+t\vec{b}$
③ 点 $A(\vec{a})$ を通り，$\vec{0}$ でないベクトル $\vec{n}$ に
垂直な直線　　$\vec{n}\cdot(\vec{p}-\vec{a})=0$

19 円のベクトル方程式
中心が $C(\vec{c})$，半径が r の円
$|\vec{p}-\vec{c}|=r$